基于近红外光谱分析的
气液两相流相含率检测技术研究

方立德 著

北 京
冶金工业出版社
2022

内 容 提 要

本书以气液两相流近红外光谱吸收特性的理论基础、测量装置结构设计和改进以及测量参数优化特性为主线，介绍气液两相流测量的优点、气液两相流动状态下的流量测量模型及测量特性、径向探测气液两相流近红外光谱特性、轴向探测气液两相流近红外光谱特性、长喉颈文丘里管与近红外光谱技术的气液两相流测量以及基于矩形差压流量计的近红外系统结构优化及测量模型、近红外单点与面阵探头测量特性对比与测量模型等。

本书可供从事石油、天然气、化工流体研究及气液两相流测量的技术人员阅读，也可作为高等院校能源动力、动力工程及工程热物理、电子信息等工程专业师生的参考书。

图书在版编目(CIP)数据

基于近红外光谱分析的气液两相流相含率检测技术研究/方立德著. —北京：冶金工业出版社，2021.3（2022.8 重印）

ISBN 978-7-5024-8786-7

Ⅰ.①基… Ⅱ.①方… Ⅲ.①红外分光光度法—应用—气体—液体流动—两相流动—检测—研究 Ⅳ.①O359

中国版本图书馆 CIP 数据核字（2021）第 061602 号

基于近红外光谱分析的气液两相流相含率检测技术研究

出版发行	冶金工业出版社	**电 话**	（010）64027926
地 址	北京市东城区嵩祝院北巷 39 号	**邮 编**	100009
网 址	www.mip1953.com	**电子信箱**	service@mip1953.com

责任编辑 王梦梦 美术编辑 吕欣童 版式设计 禹 蕊
责任校对 王永欣 责任印制 李玉山

北京建宏印刷有限公司印刷

2021 年 3 月第 1 版，2022 年 8 月第 2 次印刷

710mm×1000mm 1/16；16 印张；311 千字；246 页

定价 108.00 元

投稿电话 （010）64027932 投稿信箱 tougao@cnmip.com.cn
营销中心电话 （010）64044283
冶金工业出版社天猫旗舰店 yjgycbs.tmall.com
（本书如有印装质量问题，本社营销中心负责退换）

前　言

气液两相流动广泛存在于石油、化工、能源、动力等工业过程中，如核工业各种汽水分离器、汽轮机、蒸发器等设备中会涉及气液两相流流动；化学工业中冷凝器、重沸器中也存在气液两相共存的状态；石油工业中油藏工程、钻井工程、采油工程、地面工程中涉及油气开采及输送过程均存在气液两相流动状态。气液两相流动参数的准确测量及流动特性对科学研究和工业生产都有重要意义。近红外线可以穿透两相流体，利用近红外线对气相和液相的吸收系数不同、吸收峰不重合的特性，在波长一定的情况下，能很好地区分气相和液相。本书根据近红外光谱特性，介绍了气液两相流流型、相含率和流量对近红外测量信号的影响，可为两相流检测提供新思路。

本书主要基于作者近几年来的研究成果撰写而成，并适当吸纳了国内外近红外光谱分析技术的基础知识。全书以气液两相流近红外光谱吸收特性研究的理论基础、结构设计和改进以及测量参数优化特性为主线，介绍了适用于气液两相流测量的优点，在不同的气液两相流动状态下的流量测量模型及测量特性。首先，介绍了近红外光谱分析原理、分析过程和基本构成及近红外光谱定量分析方法。然后，阐述了气液两相流动工况下，相含率检测装置设计和搭载近红外光谱传感器的气液两相流双参数测量模型，并分析了各模型的测量误差及不确定度。全书共6章，第1章由方立德撰写；第2章由方立德、卢庆华、梁玉娇、高静哲撰写；第 3 章由方立德、李明明、李婷婷、王佩佩撰写；第 4 章由方立德和田冀撰写；第 5 章由方立德和王东星撰写；第 6 章由方立德和王松撰写。方立德拟定了全书的大纲，且对全书进行了统稿。本书的一些具体文字、图、表的完善工作得到了作者指导的研究生田梦园、张真玉、张要发、赵计勋、徐潇潇、郑鑫、刘旭等的大力协助。在本书的撰写过程中，还得到了李小亭教授的大力支持，在此表示感谢。

本书可供从事石油、天然气、化工流体研究、气液两相流测量的技术人员使用，也可作为高等院校能源动力、动力工程及工程热物理、电子信息等工程专业研究生的参考书。

本书涉及的研究工作得到国家自然科学基金项目（61340028，61475041）的支持，特此致谢！

由于作者水平所限，书中疏漏之处恳请广大读者批评指正。

方立德

2020 年 11 月

于河北大学

目　录

1　近红外光谱分析技术基础 ……………………………………………… 1

1.1　近红外光谱技术发展 ………………………………………………… 1

1.1.1　近红外光谱技术特点 …………………………………………… 1

1.1.2　近红外光谱技术的应用 ………………………………………… 2

1.1.3　近红外技术在两相流方面的应用 ……………………………… 4

1.2　近红外光谱分析原理 ………………………………………………… 7

1.2.1　近红外光谱分析的基本原理 …………………………………… 7

1.2.2　近红外光谱的分析过程 ………………………………………… 9

1.2.3　近红外光谱仪的基本构成 ……………………………………… 10

1.2.4　近红外光谱定量分析方法 ……………………………………… 10

参考文献 ……………………………………………………………………… 19

2　径向探测气液两相流近红外光谱吸收特性研究 ……………………… 23

2.1　理论分析 ……………………………………………………………… 23

2.1.1　红外吸收光谱的基本原理及产生条件 ………………………… 23

2.1.2　红外吸收光谱的区域及分类 …………………………………… 23

2.1.3　红外技术检测相含率的原理 …………………………………… 23

2.2　相含率检测装置设计 ………………………………………………… 24

2.2.1　实验装置介绍 …………………………………………………… 24

2.2.2　管道及探头设计 ………………………………………………… 29

2.3　相含率检测 …………………………………………………………… 41

2.3.1　单探头在水平及垂直管道上的相含率检测实验 ……………… 41

2.3.2　多探头在水平管道上的检测实验 ……………………………… 50

2.4　数据处理及模型构建 ………………………………………………… 62

2.4.1　单探头在水平及垂直管段的数据分析 ………………………… 62

2.4.2　多探头在水平管段实验的数据分析 …………………………… 68

参考文献 ……………………………………………………………………… 75

3　轴向探测气液两相流近红外光谱吸收特性研究 ·············· 76

3.1　测量装置设计 ··· 76
3.1.1　气液两相流相含率检测装置的设计 ····················· 76
3.1.2　轴向气液两相流相含率检测装置设计 ·················· 80
3.1.3　竖直管八通道气液两相流相含率检测装置的设计 ···· 84
3.2　传感器及检测电路系统设计 ····································· 85
3.2.1　近红外传感器测量系统构成 ····························· 85
3.2.2　近红外光强信号采集、储存系统 ························ 87
3.2.3　检测电路设计 ·· 88
3.3　实验测试 ··· 90
3.3.1　近红外光线的定性分析 ··································· 90
3.3.2　液相动态试验与分析 ······································ 96
3.3.3　气相动态试验与分析 ····································· 103
3.4　实验结果分析 ·· 104
3.5　单探头及多探头实验数据 ··· 106
3.6　相含率测量模型 ··· 110
3.6.1　经典两相流虚高模型比较与相对误差分析 ············ 110
3.6.2　基于流出系数的流量测量模型 ·························· 110

参考文献 ··· 113

4　长喉颈文丘里管与近红外光谱技术的气液两相流测量 ······ 114

4.1　近红外光谱分析原理概述 ··· 114
4.1.1　交界面对近红外光线折射和反射作用 ················· 117
4.1.2　对比分析 ··· 117
4.2　测量装置设计 ·· 118
4.2.1　新型测量装置的基本结构 ······························· 119
4.2.2　新型测量装置的仿真定型 ······························· 120
4.3　实验测试及单探头和多探头实验 ································· 124
4.3.1　液相流量测量实验 ··· 124
4.3.2　泡状流相含率与流量测量实验 ·························· 125
4.3.3　弹状流相含率与流量测量实验 ·························· 125
4.4　实验结果分析 ·· 125
4.4.1　液相流量测量结果 ··· 125
4.4.2　泡状流相含率与流量测量结果 ·························· 129

　　　4.4.3　弹状流相含率与流量测量实验结果 ……………… 143

　参考文献 ……………………………………………………… 152

5　基于矩形差压流量计的近红外系统结构优化及测量模型 ……… 153

　5.1　概述 ………………………………………………………… 153

　　　5.1.1　气液两相流动研究现状 ………………………………… 153

　　　5.1.2　差压流量计与近红外检测技术 ………………………… 154

　　　5.1.3　气液两相流的特性参数 ………………………………… 155

　5.2　新型矩形气液两相流检测装置设计 ……………………… 156

　　　5.2.1　概述 ……………………………………………………… 156

　　　5.2.2　新型矩形气液两相流检测装置设计方案 ……………… 157

　　　5.2.3　新型矩形气液两相流检测装置的基本结构 …………… 158

　5.3　矩形差压流量计仿真研究 ………………………………… 161

　　　5.3.1　气液两相流动的基本方程 ……………………………… 161

　　　5.3.2　计算流体动力学简介 …………………………………… 162

　　　5.3.3　模型建立与边界条件设置 ……………………………… 162

　　　5.3.4　仿真迭代参数设置 ……………………………………… 163

　　　5.3.5　影响差压值的结构确定 ………………………………… 165

　　　5.3.6　确定取压孔位置 ………………………………………… 180

　5.4　测量系统搭建与单相流动实流标定实验 ………………… 181

　　　5.4.1　新型矩形气液两相流检测装置实物 …………………… 181

　　　5.4.2　测量系统搭建 …………………………………………… 182

　　　5.4.3　流出系数标定实验 ……………………………………… 185

　5.5　气液两相流动态实验与分析 ……………………………… 187

　　　5.5.1　气液两相流相含率测量模型结果与分析 ……………… 188

　　　5.5.2　气液两相流流量测量模型 ……………………………… 196

　　　5.5.3　基于两相差压的流量测量模型 ………………………… 201

　参考文献 ……………………………………………………… 203

6　近红外单点与面阵探头测量特性对比与测量模型 …………… 204

　6.1　实验测试设计 ……………………………………………… 204

　　　6.1.1　实验平台介绍 …………………………………………… 204

　　　6.1.2　长喉颈文丘里装置和矩形视窗装置结构比较 ………… 205

　　　6.1.3　单相流与两相流工况点设计 …………………………… 207

　　　6.1.4　近红外波长选定实验 …………………………………… 208

6.2　实验装置测量数据分析对比 ……………………………………… 211

　　6.2.1　两种实验装置的单相流红外实验 …………………………… 211

　　6.2.2　两种实验装置的泡状流两相流红外实验 …………………… 212

　　6.2.3　两种实验装置的环状流两相流红外实验 …………………… 218

　　6.2.4　两种实验装置的弹状流两相流红外实验 …………………… 223

6.3　两相流的相含率检测 …………………………………………… 224

　　6.3.1　泡状流相含率检测 …………………………………………… 224

　　6.3.2　环状流相含率检测 …………………………………………… 228

　　6.3.3　弹状流相含率检测 …………………………………………… 233

6.4　两相流的流量测量 ……………………………………………… 235

　　6.4.1　实验装置单相流差压实验 …………………………………… 239

　　6.4.2　泡状流流量测量 ……………………………………………… 242

　　6.4.3　环状流及弹状流流量测量 …………………………………… 243

参考文献 ……………………………………………………………… 246

1 近红外光谱分析技术基础

近红外光是指波长在780~2526nm范围内的电磁波，是人们最早发现的非可见光区域，习惯上又将近红外光划分为近红外短波（780~1100nm）和近红外长波（1100~2526nm）两个区域。现代近红外光谱分析是20世纪90年代以来发展最快、最引人注目的光谱分析技术，是光谱测量技术与化学计量学学科的有机结合，被誉为分析的巨人；量测信号的数字化以及分析过程的绿色化又使该技术具有典型的现代特征。

1.1 近红外光谱技术发展

近红外光谱的发展大致可以分为5个阶段。20世纪50年代以前人们对近红外光谱已有初步的认识，但由于缺乏仪器基础，尚未得到实际应用。进入20世纪50年代，随着商品化仪器的出现及Norris等人所做的大量工作，近红外光谱技术在农副产品分析中得到广泛应用。到20世纪60年代中期，随着各种新的分析技术的出现，加之经典近红外光谱分析暴露的灵敏度低、抗干扰性差的弱点，人们淡漠了该技术在分析测试中的应用，由此近红外光谱进入一个沉默的时期，除在农副产品分析中开展一些工作外，新的应用领域几乎没有拓展，Wetzel称之为光谱技术中的沉睡者。20世纪80年代以后，计算机技术的迅速发展，带动了分析仪器的数字化和化学计量学学科的发展，通过化学计量学方法在解决光谱信息的提取及背景干扰方面取得良好效果，加之近红外光谱在测样技术上所独具的特点，使人们重新认识了近红外光谱的价值；近红外光谱在各领域中的应用研究陆续开展，数字化光谱仪器与化学计量学方法的结合形成了现代近红外光谱技术，这个阶段堪称是一个分析巨人由苏醒到成长的时期。进入20世纪90年代，近红外光谱分析在工业领域中的应用全面展开，由于近红外光在常规光纤中具有良好的传输特性，使近红外光谱在在线分析领域得到很好应用，并取得极好的社会和经济效益，从此近红外光谱分析技术步入一个快速发展的时期。

1.1.1 近红外光谱技术特点

近红外光谱技术的特点有以下几方面。

（1）分析速度快。由于光谱的测量过程一般可在1min内完成（多通道仪器可在1s之内完成），通过建立的校正模型可迅速测定出样品的组成或性质。

（2）分析效率高。通过一次光谱的测量和已建立的相应的校正模型，可同时对样品的多个组成或性质进行测定。在工业分析中，可实现由单项目操作向车间化多指标同时分析的飞跃，这一点对多指标监控的生产过程分析非常重要，在不增加分析人员的情况下可以保证分析频次和分析质量，从而保证生产装置的平稳运行。

（3）分析成本低。近红外光谱在分析过程中不消耗样品，自身除消耗一点电能外几乎无其他消耗；与常用的标准或参考方法相比，测试费用可大幅度降低。

（4）测试重现性好。由于光谱测量的稳定性，测试结果很少受人为因素的影响；与标准或参考方法相比，近红外光谱分析一般显示出更好的重现性。

（5）样品测量一般无须预处理，光谱测量方便。由于近红外光较强的穿透能力和散射效应，根据样品物态和透光能力的强弱可选用透射或漫反射测谱方式。通过相应的测样器件可以直接测量液体、固体、半固体和胶状类等不同物态的样品。

（6）便于实现在线分析。由于近红外光在光纤中良好的传输特性，通过光纤可以使仪器远离采样现场，将测量的光谱信号实时地传输给仪器，调用建立的校正模型计算后可直接显示出生产装置中样品的组成或性质结果。另外，通过光纤也可测量恶劣环境中的样品。

（7）典型的无损分析技术，光谱测量过程中不消耗样品，从外观到内在都不会对样品产生影响。鉴于这一特点，该技术在活体分析和医药临床领域正得到越来越多的应用。

（8）现代近红外光谱分析也有其固有的弱点。1）测试灵敏度相对较低，这主要是因为近红外光谱作为分子振动的非谐振吸收跃迁概率较低，一般近红外光倍频和合频的谱带强度是其基频吸收的 $1/10000 \sim 1/10$，从对组分的分析而言，其含量一般应大于 0.1%；2）这是一种间接分析技术，方法所依赖的模型必须事先用标准方法或参考方法对一定范围内的样品测定出组成或性质数据，因此模型的建立需要一定的化学计量学知识、费用和时间，另外分析结果的准确性与模型建立的质量和模型的合理使用有很大的关系。

1.1.2　近红外光谱技术的应用

现代近红外光谱技术的应用除传统的农副产品的分析外，已扩展到众多的其他领域，主要有石油化工和基本有机化工、高分子化工、制药与临床医学、生物化工、环境科学、纺织工业和食品工业等领域。

在农业领域，近红外光谱可通过漫反射方法，将测定探头直接安装在粮食的谷物传送带上，检验种子或作物的质量，如水分、蛋白含量及小麦硬度的测定；

用于作物及饲料中的油脂、氨基酸、糖分、灰分等含量的测定以及谷物中污染物的测定；还被用于烟草的分类、棉花纤维、饲料中蛋白及纤维素的测定，并用于监测可耕土壤中的物理和化学变化。

任秀珍等人[1]介绍了国外近红外光谱分析技术在饲草中蛋白质、总氮、灰分等测定的应用。

1976年Morris等人首次利用NIRS技术对牧草的粗蛋白进行了测定，随后Alexandrov等人和Bcrardo测定了牧草的CP、总氮含量；Boever和Villamarin等人分析了青储饲草样品的CP；Gxrcia Criado等人用近红外光谱法分析不同生长阶段草地植物的CP含量。Hansen用NIRS法测定了草的可溶性蛋白质及氮含量。Thiex利用近红外光谱分析测定干草、饲草、饲料玉米中的水分。Vazquez等人利用近红外光谱分析技术分析饲草样品中的灰分含量。C.伯文等人[2]利用在线近红外光谱分析系统对两个糖厂不同榨季的原糖进行了在线分析，对水分、灰分及颗粒度等指标进行了分析，并利用分析结果对制造工艺进行了改进，所生产糖的质量得到较大提高。吴文强[3]设计了智能化在线近红外检测装置，并对赣南脐橙及翠冠梨的糖度进行近红外光谱分析法建模得到最佳模型后，对赣南脐橙及翠冠梨的糖度进行了在线检测，结果表明，可以将近红外光谱分析技术应用于水果糖度的在线检测。朱红波等人[4]建立起标准定量分析模型，对烟丝中的烟碱含量、总氮含量、总糖含量等7项质量指标用近红外光谱法进行了在线监测，可以有效和准确地对烟丝的质量进行控制。

在食品分析中，近红外光谱用于分析肉、鱼、蛋、奶及奶制品等食品中脂肪酸、蛋白、氨基酸等的含量，以评定其品质；例如，徐霞等人[5]介绍了近红外光谱在肉类成分分析、肉类感官评价和肉类鉴定上的应用。近红外光谱还用于水果及蔬菜如苹果、梨中糖的分析；在啤酒生产中，近红外光谱用于在线监测发酵过程中的酒精及糖分含量。

在生命科学领域，近红外光谱用于生物组织的表征，研究皮肤组织的水分、蛋白和脂肪的含量。Tong等人将近红外光谱用于乳腺癌的检查；除此之外，近红外光谱还用于血液中血红蛋白、血糖及其他成分的测定及临床研究，均取得较好的结果。彭丹等人[6]介绍了近红外光谱在牛奶检测、乳制品检测、乳品鉴别中的应用。

在化工方面，近红外光谱在石油炼制中的应用已涉及石油加工的各个环节，并为石化工业带来巨大的经济效益。测定汽油的辛烷值是近红外光谱在油品分析中最早也是最成功的应用。在其后续工作中，又尝试了近红外光谱在测定汽油族组成中的应用、监测，取得了显著的效益。姜波等人[7]通过偏最小二乘法建立了炭布/酚醛预浸料的可溶树脂含量、树脂含量和挥发分含量的定量模型，使用该模型，用近红外漫反射法对炭布/酚醛预浸料的各质量指标进行了在线检测，可以对工艺参数进行优化调整，提高产品质量。叶华俊等人[8]利用 Sup NIR24510 型在线近红外分析仪，设计了一种近红外在线分析系统，可以对现场在线分析醋酸反应釜中的物料进行分析测量，监控各组分含量的变化，稳定性好，准确性高，解决了醋酸生产过程的安全性及稳定性问题。王瑞等人[9]收集近红外光谱图，利用化学计量学方法建立起乙烯裂解原料 PONA 值的定量模型，并对该模型进行了优化，可以快速准确地对乙烯裂解原料 PONA 值进行在线测定，提高了效率和质量。

在制药领域，近红外光谱在药物分析中的应用始于 20 世纪 60 年代后期，在当时药物成分一般通过萃取以溶液形式测定。随着漫反射测试技术的出现，无损药物分析在近红外光谱分析中占有非常重要的地位。王小亮等人[10]介绍了近红外光谱分析技术在制药过程中粉末混合过程、干燥过程、制粒过程、包衣过程、结晶过程等的应用。现在近红外光谱已广泛用于药物的生产过程控制。

传统的制药过程控制分析技术一般采用离线分析的手段，通常需要对待分析样品进行相应的预处理，存在分析结果滞后的缺陷[11]。近红外光谱分析法的出现，克服了这一难题，因而在制药过程监控与质量控制方面得到了广泛的应用。陈晨等人[12]以复方苦参注射液的渗漉过程为研究对象，用流通池和远程光纤来连接渗漉设备和近红外光谱仪，在线采集了渗漉液的近红外光谱，并以总生物碱含量的 HPLC 测定值及固体总量测定值为参考，用偏最小二乘法（PLS）建立起近红外光谱与参考值之间的校正模型，可用于复方苦参注射液渗漉过程的在线检测。陈晨等人[13]利用近红外透反射光谱技术，对复方苦参注射液渗漉液中氧化槐果碱、氧化苦参碱、总糖和固体总量 4 种组分的量进行快速测定，可用于中药渗漉过程的快速分析。刘永等人[14]利用校正集真值与近红外光谱数据建立模型，筛选考察指标、预处理方法及光谱范围，对三七通舒胶囊粉末混合过程进行质量控制研究，可以用于药品生产过程中粉末混合均匀度的测定。张延莹等人[15]利用近红外光谱（NIR）技术研究并建立丹酚酸 B 的含量检测模型，实现了产业化规模中药生产纯化过程的在线质量监控。

1.1.3 近红外技术在两相流方面的应用

近红外光谱分析是利用被测对象对投射其上的红外线产生的如散射、折射、反射、吸收等效应实现检测。该技术由于具有不易受介质电学参数影响、数据采集迅速、设备安装简单等优点，是近年来比较热门的两相流检测技术之一，多用于环境监测及无损检测、食品药品分析等领域，例如谢雯雯等人[16]分别采用近红外光谱建立了鱼肉新鲜度的评价方法；白钢等人[17]将近红外光谱技术与化学计量学方法相结合，实现了对多种药效成分同时进行定量分析；淡图南等人[18]分别采用近红外光谱建立了快速测定甲醇汽油中甲醇比例、乙醇汽油中乙醇比例以及生物柴油调和产品中生物柴油比例的方法。

红外光谱分析技术近年来在气液两相流检测领域也有应用。河北大学多相流检测实验室对近红外光谱技术进行了多年研究,如卢庆华[19]分别通过近、中红外光谱对水和有机玻璃(PMMA)进行扫描,确定了该装置所采用的红外谱段;通过对气水混合物与红外线选定谱段的作用方式的研究,给出了该装置的数学模型并确定了装置的结构。梁玉娇[20]在上面实验的基础上,采用光纤技术,确定了水和有机玻璃吸收作用有明显的近红外波段;并且在试验管道的不同流型下,测试结果明显。高静哲[21]设计了一种不透光的带 4 组发射和接收的 8 孔实验管道。选用 980nm 的发射光源以及对应的红外吸收探测器,实现 4 组探头不同流型下不同位置的同时测量,针对水平管道的 3 个流型,得到在不同流型下、不同工况点、不同位置的动态输出电压值,并将电压值与稳态初始值作比值,根据不同比值的特点,可以直观地区分出流型。温梓彤[22]将差压流量计与近红外装置相结合,针对湿气测量模型,建立流量的测量以及相含率测量模型。经研究表明,利用近红外光谱技术对气液两相流进行测量的方法是有效的,并且能满足实际应用中的精度需要。

近红外线可以穿透透明管道与流体。在气液两相流检测领域,由于近红外线对气相和液相的吸收系数不同,吸收峰不重合,在确定波长的情况下,能很好地区分气相和液相。当流体流经管道时,由于气液两相在管道截面上所占份额不同,对近红外线的衰减强度也不同,近红外发射装置发射出的光信号穿过管道后被接收装置接收,随后提取光强信号并转换为电压信号输出。光强信号与感应电压成正比例关系。

红外检测的理论基础为朗伯-比尔(Lambert-Beer)定律和近红外叠加定律,利用水对特定红外光具有较强的吸收这一特性为依据,即近红外光谱穿过试验管道后的光强、入射光强、吸收物质(H_2O)的浓度、光程以及消光系数之间有如下关系:

$$\frac{I(v)}{I_0(v)} = e^{-K(v) \cdot c \cdot d} \tag{1-1}$$

式中,$I(v)$ 为吸收光强;$I_0(v)$ 为入射光强;c 为管道中物质的物质的量浓度;d 为光程;K 为物质在频率 v 处的消光系数。图 1-1 为红外光检测原理图。

由式(1-1)可知,投射光强随待测物质的浓度增加而减少,由散射、反射、折射等现象产生的误差,可以通过消光系数 K 进行修正。消光系数是朗伯-比尔定律中较为关键的参数,可以通过量子力学和光谱学理论相结合进行推导得到。其表达式为:

$$K(v) = S(T)p\varphi(v) \tag{1-2}$$

式中,$S(T)$ 为物质特征谱线的吸收强度,与实验温度有关;p 为背景压力;$\varphi(v)$ 为线型函数,受被测物质的压力和温度等多种因素影响。

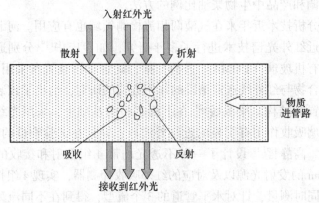

图 1-1　红外光检测原理图

朗伯-比尔定律大多应用于气体测量，两相流检测领域应用较少，使用该公式时应根据实际场合进行相应的修正。

近红外光谱是通过统计方法检测物质的光谱信息，分析物质的特定光谱信息得到最佳预测模型的一种研究方法，其波长为 780~2526nm。单一光谱允许在几秒内同时表征不同的化学性质，无需样品制备，允许实时决策。近红外光谱研究多种物质的原理是因为多数有机物质都含有 C—H、N—H、O—H 等含氢基团，而该技术的本质为振动的合频吸收、倍频吸收。

近红外光谱在应用时可结合多种变量广泛应用于多个领域，该技术用于气液两相流相含率的测量并取得了较好的成果。李丹等人通过设计的新型内外管流量计与近红外光谱相结合完成了流量及相含率的测量。邓孺孺、何颖清通过不同水层厚度的测量，得到了 400~900nm 波段的纯水吸收系数[23]。Jagan 等人研究了在 0°~90°不同倾角范围的圆管内的气液两相流的流型和相含率。Morris 等研究人员通过将光纤探头浸在流动的多相流中，根据红外光遇到气液时反射的变化测量相含率。Jean-Philippe Laviolette 等人利用光谱吸收法分析和测量了气固两相流中固体和气体成分的体积分数[24]。王超等人利用近红外衰减技术确定水平湿气环流的空隙率。Srisomba 等人使用快关阀法和光学观测技术测量了水平圆管中 R-134a 的相含率，并提出了新的预测模型来预测不同流型的相含率。Vendruscolo 等人开发了一种近红外光学层析成像系统，用于实时监测气液两相流流动状态[25]。2016 年李明明加工设计了 8 通道近红外测量装置，利用该装置 8 个通道采集的电压值根据含水率划分流型进行了相含率实验。2017 年李婷婷在李明明的基础上拟合了竖直管道的泡状流、弹状流的相含率与流量的拟合模型。

宋涛等人基于水对特定波长的近红外光有活性吸收特性，开展了针对含水率测量的实验，建立了石油含水率测量系统，并通过实验设计来改进方案。结果表明，近红外测量技术在含水率测量方面有一定技术优势。卢庆华通过近红外光谱与中红外光谱的扫描技术，确定了水及有机玻璃的透过波段，通过动态试验完成了流型识别并建立了各流型下液相含率的计算模型，水平及垂直流向的泡状流测量误差均在±5%以内。方立德等人提出了一种结合近红外吸收光谱技术实现气液两相中液相含率的检测方法，采用波长为980nm激光二极管和硅、光、电二极管，对分层流及泡状流等流型分别实现了实时测量，并取得了显著的效果。梁玉娇通过静态、动态实验测试，选择了波长分别为970nm及1550nm的探测器，通过水平、垂直两个方向的流动情况，建立了水层厚度及液相含率间的数学关系，同时导出了电压强度及液相含率间的数学函数关系，得到了液相体积含率估计值的数学模型，最终泡状流的相对误差在10%以内。孙笋、沈阳、张小康等人根据近红外光谱吸收技术，通过对光谱的预处理及校正，采用最小二乘法成功对原油的含油率进行了预测。

1.2 近红外光谱分析原理

1.2.1 近红外光谱分析的基本原理

近红外分析技术已广泛应用于环境监测、石油勘探与分析、地质矿物的鉴定、农业生物学、医学等一系列领域，其原理日益成熟，红外仪器的精度也不断地提高[26]。Louw D E 等人[27]使用傅里叶变换近红外光谱仪对李果实的总可溶性固形物、总酸、糖酸比、坚实度以及质量进行了定量；赵志磊等人[28]使用傅里叶变换近红外光谱对李果实坚实度指标进行了定量。庆华通过近红外与中红外光谱的扫描技术，获得了有机玻璃及水的透过波段，在动态试验中实现了对流型的识别，同时给出了不同流型下的液相体积含率计算模型，其泡状流流型下的测量误差在±5%以内。Tiago P Vendruscolo 等人利用近红外层析成像技术对两相流进行了研究，对弹状流工况下的泰勒气泡有较高的分辨率。近红外光谱技术利用被测介质对检测光束产生的如折射、反射、吸收、透射等效应来实现检测。

近红外光具有受介质电学参数变化影响小，不受电磁干扰，可在零照度下工作等诸多优点[29]。根据不同被测介质合理选择近红外光束波长既可克服光学法的缺点，又保留了光学法的优点。宋涛等人利用水能够较强吸收一定波长的近红外光的特性，进行了石油含水率的测量实验，搭建了测量系统并改进了测量方案。结果表明，在含水率测量方面近红外测量技术有一定技术优势。

近红外光谱属于分子振动光谱的倍频和主频吸收光谱，主要是由于分子振动的非谐振性使分子振动从基态向高能级跃迁时产生的，具有较强的穿透能力。近红外光谱主要是对氢基基团 X—H（X＝C，N，O）振动的倍频和合频吸收，其中包含了大多数类型有机化合物的组成和分子结构的信息。由于不同有机物含有不同的基团，不同的基团有不同的能级，不同的基团和同一基团在不同物理化学环境中对近红外光的吸收波长都有明显差别，且吸收系数小、发热少，因此近红外光谱可作为获取信息的一种有效的载体。近红外光照射时，频率相同的光线和基团将发生共振现象，光的能量通过分子偶极矩的变化传递给分子；而近红外光的频率和样品的振动频率不相同，该频率的光就不会被吸收。因此，选用连续改变频率的近红外光照射某样品时，由于试样对不同频率近红外光的选择性吸收，通过试样后的近红外光线在某些波长范围内会变弱，投射出来的红外光线就携带着有机物组分和结构的信息，通过检测器分析透射或反射光线的光密度，就可以确定该组分的含量。

近红外光子的能量可以表示为：

$$E_p = h\nu \tag{1-3}$$

式中，h 为普朗克常数；ν 为光的频率。

分子的基频振动频率符合胡克定律，而其中能量的来源是由双原子谐振子产生的。

$$\nu = \frac{1}{2\pi}\sqrt{\frac{k}{u}} \tag{1-4}$$

式中，k 为常数；u 为双原子的质量。

在这里可以考虑吸收光谱是量子化的，所以双原子分子中能级可以用下面的式子表示：

$$E_\nu = \left(\nu + \frac{1}{2}\right)\frac{h}{2\pi}\sqrt{\frac{k}{u}} \quad (\text{其中} \nu = 0,\ 1,\ 2,\ \cdots) \tag{1-5}$$

上面的能级用量子数表示是下面的形式：

$$E_\nu = \left(\nu + \frac{1}{2}\right)h\bar{\nu} \quad (\text{其中} \nu = 0,\ 1,\ 2,\ \cdots) \tag{1-6}$$

所谓基频跃迁是指分子在相邻振动能级之间的跃迁倍频，跃迁是指分子在一个或几个振动能级之间组合频，是指既有基频跃迁又有倍频跃迁，在组合频时一个光子的能量同时激发两种基频的跃迁。近红外光谱主要是分子振动的基频和组合频作用下的结果。

在实际应用中，我们很难划分近红外光谱带的归属，这是因为每个谱带都是不同频带的组合，通过对光谱的观察不难发现，几乎所有的光谱都是重叠峰和尖峰。另外，在实际的应用过程中有很多因素影响近红外谱带位置。近红外光谱中包含了大量的样品组分的特征信息，而近红外光谱中包含的信息还特别多，这就要求我们把光谱信息中的噪声和强背景信息滤除，只有近红外仪器、光谱处理方法和化学计量学方法三者的合理组合，才能提取高质量的样品光谱特征信息，这就促使了 1980 年后化学计量学的迅猛发展，最终导致现在近红外光谱技术在全球范围内快速的发展。

近红外光谱的采集分为两种：一种是透射式，另一种是漫反射式。

比尔定律的定义为：某一物质的吸光度与浓度成正比，其表达式如下：

$$A = \lg \frac{1}{T} = Ec \tag{1-7}$$

式中，A 为吸光度；T 为透光率；c 为物质浓度；E 为消光系数。

如果在进行单组分单个波长点测定分析时，在实验的时候我们已经知道了几个组分浓度的标准样品值，并且在实验中测定了其对应的吸光度值，就可以确定下面的线性回归的分析方程式。

$$y = a + bx \tag{1-8}$$

式中，y 为每个组分浓度；a 为常数；b 为曲线斜度率；x 为样品的吸光度值。

1.2.2 近红外光谱的分析过程

近红外光谱分析技术首先要建立该样品的定标模型，在模型的基础上我们才可以对未知样品进行定量或定性分析，这种分析技术是一种间接的分析技术。我们在进行分析的时候一般采取的步骤为：样品的收集、用化学方法分析样品成分、光谱采集、光谱数据的预处理、建立数学模型和模型验证、样品分析，这些步骤都是非常重要的，每个步骤的变化都会对分析结果产生影响。

1.2.2.1 样品的收集

在建立定标模型前，收集样品至关重要，要保证样品尽量齐全，并且非近红外光谱分析技术包括定性分析和定量分析，定性分析的目的是确定物质的组成与结构，定量分析则是为了确定物质中某些组分的含量。近红外光谱分析法是一种间接分析技术，是用统计的方法在样品待测属性值与近红外光谱数据之间建立一个关联模型。常用代表性样品应能涵盖以后要分析的样品成分的范围。

1.2.2.2 用化学方法分析样品成分

在确定样品的成分时，通常情况下选用国际或国家标准的测试方法，在测试过程中减少人为误差是至关重要的。一旦我们测量的结果不准确，后续所做的工作都没有意义，减小误差的方法是通过增加重复次数和选用高精密仪器，这样就会使最终的定标模型更准确一些。

1.2.2.3 样品的光谱采集

在进行光谱采集时，光谱的测量和化学分析间隔时间应该尽量短，以免时间间隔过长引起样品内成分变化，还要注意环境的温度；环境温度的变化也会对光谱曲线有很大的影响，外界环境的变化也会对仪器的稳定性产生影响，这就要求在测试时要尽量把时间、环境温度不同造成的光谱数据变化概括到模型中，这样的模型才更有实用性。

1.2.2.4　样品光谱数据的预处理

近红外光谱仪所采集的光谱信号包括样品的特征信息、噪声、背景信息、杂散光等。对近红外光谱进行适当的预处理，可以更好地提取特征信息。近红外光谱的预处理对最后建模的影响很大，所以光谱预处理相当重要。

1.2.2.5　建立与检验数学模型

近红外光谱数据经过预处理后，就扣除了背景信息和噪声，然后就可以提取光谱组分的特征信息，建立特征信息和样品组分的数学模型。

1.2.2.6　定标模型的验证分析

为了确定建立模型的好坏，就需要对模型进行验证。把样品的一部分拿出来作为验证集，就用这个验证集定标模型进行验证分析。如果样品很少，可以采用交互验证法进行验证，验证模型的结果是是否采用这种模型的依据。

1.2.2.7　样品分析

当建立了一个可靠、稳定的定标模型后，就可以对样品进行分析了。假如测量样品的浓度范围不在这个范围之内，这些样品就是所说的异常品。把异常品的光谱收集到原来的训练集样品中，这样就可以对原来的定标模型进行校正，这样做的目的是适用于更大范围的样品。

1.2.3　近红外光谱仪的基本构成

硬件系统主要由近红外光源、光学耦合部分、漫反射光谱信号收集、分光结构、探测器、电子信号处理部分、计算机终端组成，在这个系统中，通过近红外光谱数据预处理、模型的建立等这些化学计量方法在计算机上就可以测量出样品的成分，近红外光谱仪的基本结构图如图1-2所示。

1.2.4　近红外光谱定量分析方法

1.2.4.1　光谱预处理方法

近红外光谱数据采集后，由于测量过程中样品的形式状态（固体、粉末、液

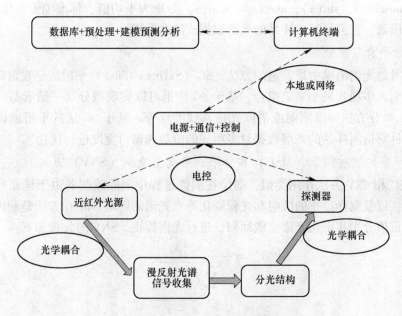

图 1-2　近红外光谱检测技术结构图

体等)、测量环境的复杂性,以及仪器自身的电子噪声等情况的影响,使得所获取的待分析样品的近红外光谱数据信噪比偏低,使得光谱数据存在着背景噪声等无关信息的干扰。为了削弱待分析样品的光谱数据的背景信息,保留有效的光谱信息,在建模前对光谱数据进行预处理是必要环节,这样可以提高光谱数据的信噪比。所以,对样品的原始光谱进行预处理就变得十分关键。

A　数据标度化方法

数据标度化[30]的目的就是使各变量的变化幅度处于同一水平或量纲上,该方法可以消除由于样品的颗粒度不均匀对光谱数据的干扰等。常用的方法是中心化、正则化、归一化方法。中心化方法是将样品光谱的数据值,减去所有样品光谱的均值。正则化又叫标准化,该方法对低浓度成分建立模型时比较适用。归一化的方法是把数据范围各异的光谱,归一到 0~1。

(1) 中心化:

$$x_{\mathrm{m}} = x - \mathrm{mean}(x) \tag{1-9}$$

(2) 正则化:

$$x_{\mathrm{ms}} = \frac{x - \mathrm{mean}(x)}{\mathrm{std}(x)} \tag{1-10}$$

(3) 归一化:

$$x_{\mathrm{mm}} = \frac{x - \mathrm{min}(x)}{\mathrm{max}(x) - \mathrm{min}(x)} \tag{1-11}$$

式中，mean(x)，std(x)，max(x)，min(x) 分别为平均值、标准偏差、最大值、最小值函数，它们是某一样品的光谱数据或浓度数据。

B　平滑与微分法

平滑是光谱消噪中最普遍的方法，SG（Savitzky-Golay）平滑法是在窗口移动计算中引入多项式最小二乘拟合。基于 SG 法也可以实现微分（一阶导数、二阶导数），微分方法可以削弱或消除光谱基线漂移等。基于 SG 法的平滑或微分方法，是针对待测样品的光谱数据对多项式的阶数和窗口宽度进行优化。

C　多元散射校正（MSC）和标准正态变量变换（SNV）方法

MSC 和 SNV 方法作用类似，都是在测样过程中消除或削弱由于样品自身的差异性，以及测样过程的散射和光程变化等对光谱的影响。MSC 方法是利用每个样品光谱值分别和平均光谱值做回归，进行光谱校正。SNV 的公式如下：

$$x_{\text{snv}} = \frac{x - \bar{x}}{\sqrt{\dfrac{\sum\limits_{k=1}^{m} (x_k - \bar{x})^2}{m - 1}}} \tag{1-12}$$

式中，x 为样品光谱；$\bar{x} = \sum\limits_{k=1}^{m} x_k$，$m$ 为波长点数，$k = 1, 2, \cdots, m$。

D　正交信号校正和纯分析信号方法

OSC 方法和 NAS 方法是典型的将浓度矩阵参与到光谱预处理中的方法，刘广军等人详细介绍了 5 种 OSC 方法的原理，并对其进行了比较。王丽杰等人证明了 NAS 方法可以从复杂重叠光谱中提取净信号信息，滤除噪声，提高模型的预测能力。

E　小波变换方法

小波变换是在傅里叶变换基础上发展起来的全新的数据处理方法，因其在时域和频域同时具有良好的局部化性质，能聚焦到信号的任意细节，已广泛应用到相关的信号处理领域。在近红外光谱分析技术领域常被用来进行平滑滤噪、数据压缩等。Alsberg 等人[31]将小波变换应用到红外光谱数据中，选取 6 种阈值函数进行滤噪，其结果表明在高信噪比情况下，hybrid 和 visu 阈值函数效果较好。闵顺耕等人[32]利用三次样条小波基对烟草样品进行滤噪处理，其结果优于傅里叶变换和五点三次平滑。Chen 等人[33]使用离散变换将信号分解成不同频率的加和，并结合无信息变量消除判据，可去除多变的背景及噪声信息。Chen 等人[34]后续又将连续小波系数应用于波长筛选和奇异点识别中。郝勇等人[35]以菜籽油的一阶导数近红外光谱为研究对象，从信号分析角度探讨了小波变换滤噪方法（分解与重构、非线性软阈值、模极大值）的应用效果。陈孝敬等人[36]为了消除传统的无信息变量消除算法选取阈值的主观性和随机性，提出了改进无信息变量消除算法，使用模拟退火算法优化阈值选择，提高了无信息变量消除算法去除无信息变量能力。胡耀垓等人[37]从仿真角度，提出基于小波变换的光谱信号基线校正和背景扣除算法。丁永军[38]从信号分析角度，引入平滑指数和时移指数对小波去噪效果进行量化，提取特征谱段，使用偏最小二乘法建立叶绿素含量预测模型。郝勇等人采用红外光谱法用于亚麻酸含量的分析，将标准正态变量变换和连续小波导数用于光谱预处理，结合四种多元校正方法用于分析模型的构建，结果表明 SNV-CWD-PLS 模型得到了最好的预测效果。梁栋[39]将 CWT-SVR 回归模型应用到冬小麦的叶面积指数估算上，确定了叶面积指数对应的敏感波段。小波变换在近红外光谱数据压缩方面的应用，适用于在线过程控制的快速分析。Trygg等人先后将小波快速变换和小波能量光谱应用到近红外光谱中，压缩后的数据进行偏最小二乘分析，不改变模型的性能。石雪等人[40]基于小波变换对烟草光谱数据进行压缩，并以小波系数之间的欧氏距离作为光谱相似性的判据，进而实现了小波系数局部建模方法的应用研究。单杨等人[41]利用 db 小波基对奶粉光谱数据进行压缩去噪处理，结合滤波后重构光谱信号建立了脂肪和蛋白质的径向基神经网络回归模型，模型结果稳健且精度较好。董小玲等人[42]探讨了小波压缩算法结合近红外光谱在马铃薯全粉还原糖含量检测中的可行性，实现了数据降维，提高了模型的预测能力。Walczak 和 Massart 等人[43]利用小波包对近红外光谱进行压缩处理，进行小波包分解树最优基的选取，采取合理的阈值，并将压缩后的数据应用到模型识别中，取得了较为满意的效果。除此之外，小波变换还在模型传递、背景/基线校正、谱峰识别等光谱领域具有广泛的应用。

1.2.4.2　奇异样本识别方法

基于近红外光谱分析技术开展样品定量分析的过程中，所建校正模型预测结果的稳健性一部分取决于光谱预处理方法对噪声等无用信息的削弱效果，可能主要的是取决于定量分析的获取数据环节的光谱信息和浓度信息的准确性。比如光谱仪器的测量误差、人为操作失误、样品性质的变化以及实验环境的改变等导致数据出现异常，而且异常样品具有很强的相互掩蔽或沼泽效应，对近红外光谱定量分析建模造成很多假象，所以异常样品的有效剔除是校正模型或数据分析结果可靠的关键。

在近红外光谱分析中，异常样本大致包括：一部分与模型不相合的，一部分远离校正矩阵的数据点，一部分兼具以上两种奇异点的性质，不同类型的奇异点对模型的影响是不同的。校正集中奇异样本识别最普遍的方法是：主成分的得分图，预测残差，马氏距离以及杠杆值等传统方法[44]，评判的标准是：样本的统计量是否超过了一定分布下的阈值。如果光谱数据中只有一个奇异样本，以上方法比较有效。但对于多个奇异样本的情况下，一般都没有满意结果，主要原因是多奇异样本改变了数据的重心（均值）和离散度（协方差矩阵）。为此，很多学者开始发展稳健的识别方法，稳健识别方法[45]基本思路是基于通过某种方法确定光谱数据稳健的均值方差估计，进而判断样品远离中心的程度。Jong 等人[46]提出了稳健偏最小二乘回归法，该方法通过诊断图识别建模样品，将降低模型预测精度的样本作为奇异样本。Egan 等人提出基于最小协方差行列式法的半数重采样法，较 MCD 法和 MVT 法效果更佳，而且算法简单。刘蓉等人[47]综合利用半数重采样法（RHM）和最小半球体积法（SHV）成功剔除了牛奶近红外光谱中的奇异点，其效果远优于传统的奇异样本剔除方法。陈斌等人[48]采用主成分分析结合马氏距离法对食醋样品进行了异常样本剔除，解决了由于光谱数据不具有良好正交性时无法使用马氏距离法的问题。基于数据中奇异样本与正常样本的性质差异，通过建立量模型，将奇异样本与正常样本进行识别，邵学广和梁逸曾等人分别基于蒙特卡罗交叉验证方法进行异常样本识别，此方法基于统计学的性质，有望在奇异样本检测中得到广泛应用。针对油页岩异常样本的检测，赵振英等人基于主成分-马氏距离法和 RHM 两种算法应用于油页岩含油率的近红外光谱建模中，结果表明主成分-马氏距离法具有较好的识别效果。

1.2.4.3 波长优化方法

奇异样本检测方法有效地保证了正常样本参与建模，而如何从波长连续的近红外光谱数据点中，有效地选择有代表性的波长参与建模是很重要的内容。波长选择可以淘汰掉那些与待分析样品无关的光谱数据点，这样不仅削弱了噪声等无关信息，使有用信息得以保留，可以达到简化和稳定模型的效果。因此在近红外光谱定量分析过程中，对分析对象的光谱数据进行波长优化是很有必要的波长优化方法[49]，大致可分为波长点选择和波长区间选择方法。在波长点选择方法中，将相关系数法应用于选取波长范围已被广泛证明是有效的。但由于对非线性相关及校正集样本分布不均匀的情况，此方法具有很大的局限性。基于有用信息与噪声信息的特性之间的差异性，Centner 等人[50]将无信息变量消除方法应用于波长筛选中，该方法使用了回归系数，并将噪声和浓度信息融于一体，直观实用。邵学广团队利用蒙特卡罗采样技术代替加入的噪声矩阵，可靠地估计了每个变量的稳定性，有可能避免波长选取过程中的过拟合问题，成功应用于烟草光谱的波长选择。梁逸增等人提出竞争自适应重采样法，此方法基于自适应加全采样方法与 PLS 回归系数相结合用于波长筛选，并用于玉米的水分和蛋白质含量的波长选择，取得了不错的预测效果。遗传算法[51]、模拟退火[52]、蚁群算法[53]、粒子群算法[54]等是基于智能优化的方法，这些方法因具有随机搜索、全局优化等特点，且能以较大概率找到全局最优解，已成功应用到基于近红外光谱的不同分析对象上；为了避免算法陷入局部最优解中无法跳出，因此不断地有改进方法出现。针对波长区间选择方法：Norgaard[55]首先提出间隔偏最小二乘（IPLS）方法，其原理是将光谱等分为若干个等宽的子区间，在每个区间进行 PLS 回归，进而优选最佳波长区间。后续基于区间的组合问题，发展了一系列 IPLS 的衍生化方法。由于 IPLS 所选区间的确定性的缺点，可以用移动窗口偏最小二乘法采用一个窗口沿全波段区域移动的方式来克服 IPLS 的缺点。但由于波段选取方法窗口宽度选择的问题，国内外学者利用智能优化方法与它们结合应用到近红外光谱波长筛选中，取得了不错的效果。以上方法的具体原理可以参考相关文献，这里不再赘述。针对油页岩含油率的近红外光谱数据的波长选择，赵振英等人分别采用相关系数法、移动窗口偏最小二乘法和无信息变量消除法对油页岩近红外漫反射光谱数据的波长区间进行了选择。

1.2.4.4 模型评价方法

A 校正集选取及交叉校验方法

所选择的建模或优化方法的优与劣，取决于校正集的选取及模型的交叉校验。有代表性的化学数据集对模型的影响主要体现在模型的适用性和预测能力，以及模型的精简程度。目前常用的选择方法有三种：随机选择（RS）法，Kennard-Stone（KS）[56]法和 SPXY 法[57,58]。RS 法随机地选取训练集样本，方法简单。KS 法基于光谱数据间的欧式距离，均匀选取样本，但样品浓度信息未参与进去。SPXY 法是由 Galvao 等人首先提出的，SPXY 法优点是能够覆盖多维向量空间，从而改善模型的预测能力；缺点是要求样本量必须较大，否则所得结果并不十分可靠。交叉校验的目的就是要有效地使用所得的样本，以获取最佳的回归模型。目前常规的校验方法有：留一交叉校验[59]、多折交叉校验、蒙特卡罗校验[60]以及重复双重交叉校验[61]。

B 模型评价指标

基于近红外光谱技术的某成分定量分析中，需要具体的指标对模型的质量进行评价，以选取最优的建模参数。其中，建模过程中多元校正方法参数优化的指标为交互验证误差均方根（RMSECV），建立校正模型是模型自身性能的校正集均方根（RMSEC），以及表征模型预测能力和泛化能力的预测集均方根（RMSEP）和决定系数（R^2）。

$$RMSECV = \sqrt{\frac{\sum_{i=1}^{n}(y_{ai} - y_{pi})^2}{n-1}} \tag{1-13}$$

式中，n 为校正集样品数；y_{ai} 为第 i 个样品参考方法的测定值；y_{pi} 为用所建模型对校正集第 i 样品的预测值。

$$RMSECV = \sqrt{\frac{\sum\limits_{i=1}^{m}(y_{ai} - y_{pi})^2}{m - 1}} \tag{1-14}$$

式中，m 为预测集样品数；y_{ai} 为第 i 个样品参考方法的测定值；y_{pi} 为用所建模型对预测集第 i 样品的预测值。RMSEP 越小，表明所建模型的预测能力越强。

$$R^2 = \frac{\sum\limits_{i=1}^{n}(y_{ai} - y_{pi})^2}{\sum\limits_{i=1}^{m}(y_{ai} - y_a)^2} \tag{1-15}$$

式中，m 为预测集样品数；y_{ai} 为第 i 个样品参考方法的预测值；y_{pi} 为用所建模型对预测集第 i 个样品的预测值；y_a 为预测集所有样品标定值的平均值。

1.2.4.5　定量建模方法

定量建模方法（多元校正回归方法）是模型建立的最重要环节，通过待分析样品的光谱信息与样品浓度信息的关系，建立定量数学模型，利用预测集中样品的统计结果评价模型的好坏。常用建模方法包括：多元线性回归（MLR）、偏最小二乘（PLS）等线性回归方法，以及人工神经网络（ANN）、支持向量机（SVM）等非线性回归方法。

A　PLS 建模方法研究及实现

PLS 由两个主成分分析和一个回归步骤组成，首先对浓度矩阵 $\boldsymbol{Y}_{n \times m}$ 和测量矩阵 $\boldsymbol{X}_{n \times p}$ 进行分解，过程为：

$$\boldsymbol{X} = \boldsymbol{T}V^{\mathrm{T}} + \boldsymbol{E}_X = \sum_{i=1}^{h} t_i \boldsymbol{v}_i^{\mathrm{T}} + \boldsymbol{E}_X \tag{1-16}$$

$$\boldsymbol{Y} = \boldsymbol{R}\boldsymbol{Q}^{\mathrm{T}} + \boldsymbol{E}_Y = \sum_{i=1}^{h} r_i \boldsymbol{q}_i^{\mathrm{T}} + \boldsymbol{E}_Y \tag{1-17}$$

式中，$\boldsymbol{T}_{n \times h}$，$\boldsymbol{R}_{n \times h}$ 分别为光谱的分矩阵和浓度的分矩阵，代表剔除噪声后的光谱阵和浓度阵；$\boldsymbol{V}_{p \times h}$，$\boldsymbol{Q}_{m \times h}$ 为载荷矩阵；$\boldsymbol{E}_{Y(n \times p)}$，$\boldsymbol{E}_{X(n \times m)}$ 分别为光谱阵和浓度阵的拟合残差矩阵。

PLS 的第二步是将 $\boldsymbol{T}$ 和 $\boldsymbol{R}$ 做线性回归：

$$\boldsymbol{R} = \boldsymbol{T}(\boldsymbol{T}^{\mathrm{T}}\boldsymbol{T})^{-1}\boldsymbol{T}^{\mathrm{T}}\boldsymbol{Y} \tag{1-18}$$

在预测时，首先根据 $\boldsymbol{Q}$ 求出待求样品的测量矩阵 $\boldsymbol{X}_{k \times p}$ 的分矩阵 $\boldsymbol{T}_{k \times h}$，然后由式 (1-19) 得到浓度预测值：

$$\boldsymbol{Y}_p = \boldsymbol{T}[\boldsymbol{T}(\boldsymbol{T}^{\mathrm{T}}\boldsymbol{T})^{-1}\boldsymbol{T}^{\mathrm{T}}\boldsymbol{X}]\boldsymbol{Q} \tag{1-19}$$

依据上述原理，PLS 建模大致流程有如下几步。

（1）组合预处理（pretreatment. m）：对校正集进行组合预处理。其包括光谱预处理和矩阵预处理。

（2）校正（modelpls. m）：对输入的校正集浓度矩阵 X_1 和相应光谱矩阵 Y_1 进行校正建模，得 PLS 模型。

（3）预测（forecase. m）：未知成分样品的测量光谱矩阵 Y_{un} 进行与校正建模时相同的预处理，得 Y'_{un}。用建立的 PLS 模型对 Y'_{un} 预测，得分析值 X'_{un}，并对其进行与校正建模时 X_1 所做的相同预处理的逆处理，得出预测值 X_{un}。

（4）评价（evaluate. m）：用建立的 PLS 模型对检验集所有样品进行预测（forecase），根据预测结果，计算预测残差平方和 PRESS、决定系数 R^2，根据数据库检验集与校正集样品预测值与标准值之间的残差之比 SEP/SEV 对所建模型的性能进行评价。

B　BP 神经网络建模方法研究及实现

神经网络（Neural Network），又称人工神经网络（artificial neural network，ANN），通过各层网络神经元之间相互关联，实现输入与输出之间各种关系的拟合。应用 BP（Back-Propagation 误差反向传递训练算法）神经网络建立近红外光谱分析模型，过程有如下几步。

（1）网络构建：设置网络各层输入、输出维数和神经元个数（即其权值和阈值个数）。选用两层 BP 网络，输入层维数为 p（建模数据预处理后的波长点数），输出层维数为分析样品的成分个数，输出值为样品分析的各组分含量值。网络中间层神经元数目为 20，传递函数选为正切 Sigmoid 函数 tansig，输出层传递函数选为线性函数 purelin，训练函数选为 trainscg（比例共轭梯度算法）。

（2）网络学习和训练：采用监督学习算法，基于一定数量的训练集样本组成的训练集，包括输入矢量和目标矢量矩阵（即光谱数据的 Y_1 和标定数据 X_1），经过预处理后，按 BP 学习算法调整网络的权值和阈值。进行 200 步（一次）这样的训练，若网络的性能达标（网络的输出与目标矢量的决定系数大于99%）结束训练；否则继续训练 $n = 15$ 次。

（3）网络仿真：根据检验集的输入矢量 Y_2，通过各次训练建立的网络计算 $X_{uni}(i = 1, 2, \cdots, n)$。

（4）网络评价：根据各次仿真结果 X_{uni} 与检验集目标矢量 X_2 间的差距（评价参数 R^2）和数据库检验集与校正集样品预测值与标准值之间的残差之比 SEP/SEV，评价网络性能，以评价参数 R^2 的最大值确定最佳网络模型及其相应参数：预处理方法、网络的权值和阈值。

采用 Matlab 编程实现上述过程。

C　最小二乘支持向量机原理

SVM 方法最早应用在模式识别领域，其主要思路是将低维不可分的复杂问题, 转化到高维空间, 使其变得线性可分, 但如果维数过高就会导致运算时出现 "维数灾难" 问题。为了解决运算量大的问题, 引入了核函数的概念, 将高维空间的内积运算, 转换为低维空间的核函数 $K(\cdot)$ 计算, 确定了 SVM 方法在解决高维特征空间的分类和回归问题的优势。随着 ε 不敏感函数的引入, 以及用最小二乘线性系数作为损失函数代替传统的 SVM 方法求解二次规划问题, 进一步地降低了计算的复杂性和提高了求解速度, 因此 LS-SVM 方法在光谱定量分析中得到了一定应用。具体原理如下:

LS-SVM 算法的目标优化函数为:

$$\min J(\boldsymbol{\omega}, e) = \frac{1}{2}\boldsymbol{\omega}^{\mathrm{T}}\boldsymbol{\omega} + \frac{1}{2}\gamma\sum_{i=1}^{n} e_i^2 \tag{1-20}$$

约束条件:
$$y_i = \boldsymbol{\omega}^{\mathrm{T}}\varphi(x_i) + n + e_i \tag{1-21}$$

式中, $\boldsymbol{\omega}$ 为权重向量; γ 为正则化参数; e_i 为误差; x_i, y_i 分别为校正集的输入变量和输出变量, $i = 1, \cdots, n$, n 为校正集样本数。

可定义如下的 Lagrange 函数:

$$L(\boldsymbol{\omega}, b, \alpha, e) = J(\boldsymbol{\omega}, e) - \sum_{i=1}^{n}\alpha_i[\boldsymbol{\omega}^{\mathrm{T}}\varphi(x_i) + b + e_i - y_i] \tag{1-22}$$

式中, α 为 Lagrange 系数。

对于未知样本 LS-SVM 预测值为:

$$y(x) = \sum_{i=1}^{n}\alpha_i K(x, x_i) + b \tag{1-23}$$

近红外光谱数据采集后, 由于测量过程中样品的形式状态 (固体、粉末、液体等)、测量环境的复杂性, 以及仪器自身的噪声等情况的影响, 所获取的待分析样品的近红外光谱数据信噪比偏低, 光谱数据存在受背景噪声等无关信息干扰等问题。因此, 为了削弱待分析样品的光谱数据的背景信息, 保留有效的光谱信息, 在建模前对光谱数据进行预处理是必要环节, 可以提高光谱数据的信噪比, 为后续数据的再处理奠定良好的基础。

综上所述, 本章介绍了近红外光谱分析技术基础及基本原理, 近红外光谱的预处理方法有平滑算法、导数算法、傅里叶变换滤波、小波变换滤噪、多元散射校正、正交信号校正、趋势算法等。近红外光谱建模的方法有多元线性回归法、主成分回归法和偏最小二乘法等线性校正方法, 以及局部权重回归、人工神经网络、拓扑方法和支持向量机方法等非线性的方法。其中, 偏最小二乘法在近红外光谱分析中得到了广泛的应用。此外, 人工神经网络作为非线性校正方法的代表, 也越来越多地用于近红外光谱分析。近红外光谱理应被称为 "分析巨人"。近红外光谱应用范围很广, 是很好的检测技术方法。目前, 该方法在多相流领域中的应用处于发展阶段。利用近红外光谱仪检测时，还要注意其他算法、波长等优化问题，需要不断地进行更新、使用，在检测时，测量模型的建立也是至关重要的，需要更成熟的方案运用到生产生活中。

参 考 文 献

[1] 任秀珍，郭宏儒，贾玉山，等. 近红外光谱技术在饲草分析中的应用现状及展望 [J]. 光谱学与光谱分析，2009，29（3）：635~640.

[2] 伯文 C，斯托顿 S，斯托贝 R，等. 近红外光谱仪在制糖工业的在线应用 [J]. 广西蔗糖，2003（4）：43~46.

[3] 吴文强. 水果糖度可见/近红外光谱在线无损检测研究 [D]. 南昌：江西农业大学，2013.

[4] 朱红波，杨敏，彭黔荣，等. 用近红外光谱分析技术在线监测烟丝的质量指标 [C] // 第十五届全国分子光谱学术报告会论文集. 中国光学学会、中国化学学会：中国化学会，2008：129~130.

[5] 徐霞，成芳，应义斌. 近红外光谱技术在肉品检测中的应用和研究进展 [J]. 光谱学与光谱分析，2009，29（7）：1876~1880.

[6] 彭丹，李漫男. 近红外光谱技术在乳品分析中应用的研究进展 [J]. 农产品加工（学刊），2009（3）：73~77.

[7] 姜波，黄玉东，李伟，等. 用近红外光谱在线监测炭布/酚醛预浸料的质量指标 [J]. 固体火箭技术，2006（6）：467~470.

[8] 叶华俊，张学锋，吴继明，等. 新型在线近红外分析系统用于工业醋酸生产的实时监测 [J]. 光谱学与光谱分析，2010，30（5）：1234~1237.

[9] 王瑞，徐海燕，邢龙春. 乙烯裂解原料在线近红外光谱分析模型的建立与评价 [J]. 现代化工，2013，33（4）：136~139.

[10] 王小亮，傅强，绳金房，等. 近红外光谱技术在制药过程分析中的应用进展 [J]. 西北药学杂志，2009，24（3）：228~230.

[11] 庞溦. 近红外定性定量模型的建立与应用 [D]. 西安：西北大学，2008.

[12] 陈晨，李文龙，瞿海斌，等. 复方苦参注射液两类中间体中生物碱含量的近红外光谱测定方法 [J]. 药物分析杂志，2012，32（10）：1781~1786.

[13] 陈晨，李文龙，瞿海斌，等. 近红外透反射光谱法用于复方苦参注射液渗漉过程在线检测 [J]. 中草药，2013，44（1）：47~51.

[14] 刘永，杨华蓉，林大胜，等. 近红外光谱法测定三七通舒胶囊粉末的混合均匀度 [J]. 华西药学杂志，2012，27（4）：418~420.

[15] 张延莹，张金巍，张培，等. 近红外光谱技术在丹酚酸 B 纯化在线质控中的应用研究 [J]. 时珍国医国药，2010，21（1）：220~222.

[16] 谢雯雯，李俊杰，刘茹，等. 基于近红外光谱技术的鱼肉新鲜度评价方法的建立 [J].

淡水渔业，2013，43（4）：85~90.

［17］白钢，丁国钰，侯媛媛，等 . 引进近红外技术用于中药材品质的快速评价［J］. 中国中药杂志，2016，41（19）：3501~3505.

［18］淡图南，戴连奎. 近红外光谱的甲醇汽油定量分析［J］. 计算机与应用化学，2011，28（3）：329~332.

［19］卢庆华. 基于近红外光谱吸收特性的气液两相流相含率检测装置的研究［D］. 保定：河北大学，2013.

［20］梁玉娇. 基于近红外吸收特性的气液两相含率检测方法研究［D］. 保定：河北大学，2014.

［21］高静哲. 基于四组近红外探测装置的气液两相流相含率检测技术研究［D］. 保定：河北大学，2015.

［22］温梓彤. 基于内外管流量计与近红外探头的气液两相流测量系统研究［D］. 保定：河北大学，2016.

［23］邓孺孺，何颖清，秦雁，等. 分离悬浮质影响的光学波段（400~900nm）水吸收系数测量［J］. 遥感学报，2012，16（1）：174~191.

［24］Jean P L，Gregory S P，Jamal C. Simultaneous quantitative measurement of gaseous species composition and solids volume fraction in a gas/solid flow［J］. Process Systems Engineering，2010，56（11）：2850~2859.

［25］Tiago P Vendruscolo，Marcelo V W Zibetti，Rodolfo L Patyk. Development of NIR optical tomography system for the investigation of two-phase flow［J］. Experimental Thermal and Fluid Science，2016（76）：98~108.

［26］梁逸曾，许青松. 复杂体系仪器分析——白、灰、黑分析体系及其多变量解析方法［M］. 北京：化学工业出版社，2012.

［27］Louw D E，Theron I K. Robust prediction models for quality parameters in Japanese plums（Prunus Salicina L.）using NIR spectroscopy［J］. Postharvest Biology and Technology，2010，58（3）：176~184.

［28］赵志磊，代旭静，郝清，等. 近红外光谱无损检测李果实硬度的研究［J］. 安徽农业科学，2011，39（24）：14552~14554.

［29］史永刚，粟斌，田高友. 化学计量学方法及 MATLAB 实现［M］. 北京：中国石化出版社，2010.

［30］梁逸增，俞汝勤. 化学计量学［M］. 北京：高等教育出版社，2003.

［31］Alsberg B K，Woodward A M，Winson M K，et al. Wavelet denosingof infarared spectra［J］. Analyst，1997，122（7）：645~652.

［32］闵顺耕，谢秀娟，周学秋，等. 近红外漫反射光谱的小波变换滤噪［J］. 分析化学，1998，26（1）：34~37.

［33］Chen D，Wang F，Shao X G，et al. Elimination of interference information by a new hybrid algorithm for quantitative calibration of near infrared spectra［J］. Analyst，2003，128（9）：1200~1203.

［34］ Chen D, Shao X G, Hu B, et al. A backbround and noise elimination method for quantitative calibration of the near infrared spectra ［J］. Anal. Chim. Acta. , 2004 (511)：27~45.

［35］ 郝勇，陈斌，朱锐. 近红外光谱预处理中几种小波消噪方法的分析 ［J］. 光谱学与光谱分析, 2006, 26 (10)：1838~1841.

［36］ Chen X, Wu D, He Y, et al. Detecting the quality of glycerol monolaurate：a method for using Fourier transform infrared spectroscopy with wavelet transform and modified uninformative variable elimination ［J］. Anal. Chim. Acta. , 2009, 638 (1)：16~22.

［37］ 胡耀垓，赵正予，王刚. 基于小波的光谱信号基线校正和背景扣除 ［J］. 华中科技大学学报 (自然科学版), 2011, 39 (6)：36~40.

［38］ 丁永军，李民赞，郑立华，等. 基于近红外光谱小波变换的温室番茄叶绿素含量预测 ［J］. 光谱学与光谱分析, 2011, 31 (11)：2936~2939.

［39］ 梁栋，杨勤英，黄文江，等. 基于小波变换与支持向量机回归的冬小麦叶面积指数估算 ［J］. 红外与激光工程, 2015, 44 (1)：335~340.

［40］ 石雪，蔡文生，邵学广. 基于小波系数的近红外光谱局部建模方法与应用研究［J］. 分析化学研究简报, 2008, 36 (8)：1093~1096.

［41］ 单杨，朱向荣，许青松，等. 近红外光谱结合小波变换-径向基神经网络用于奶粉蛋白质与脂肪含量的测定 ［J］. 红外与毫米波学报, 2010, 29 (2)：128~131.

［42］ 董小玲，孙旭东. 基于小波压缩的马铃薯全粉还原糖近红外光谱检测研究 ［J］. 光谱学与光谱分析, 2013, 33 (12)：3216~3220.

［43］ Walczak B, Massart D L. Wavelet packet transform applied to a set of signals：A new approach to the best-basis selection ［J］. Chemometrics and Intelligent Laboratory Systems, 1997, 38 (1)：209~220.

［44］ 闵顺耕，李宁，张明祥. 近红外光谱分析中异常值的判别与定量模型优化 ［J］. 光谱学与光谱分析, 2004, 24 (10)：1205~1209.

［45］ Hubert M, Branden K V. Robust methods for partial least squares regression ［J］. Journal of Chemometrics, 2010, 17 (10)：537~549.

［46］ Jong S D. SIMPLS：An alternative approach to partial least squares regression ［J］. Chemometrics and Intelligent Laboratory Systems, 1993, 18 (3)：251~263.

［47］ 刘蓉，陈文亮，徐可欣. 奇异点快速检测在牛奶成分近红外光谱测量中的应用 ［J］. 光谱学与光谱分析, 2005, 25 (2)：207~210.

［48］ 陈斌，邹贤勇，朱文静. PCA 结合马氏距离法剔除近红外异常样品 ［J］. 江苏大学学报 (自然科学版), 2008, 29 (4)：277~279.

［49］ Xiaobo Z, Jiewen Z, Povey M J W, et al. Variables selection methods in near-infrared spectroscopy ［J］. Analytica Chimica Acta, 2010, 667 (1~2)：14~32.

［50］ Centner, Vítézslav, Massart, et al. Elimination of Uninformative Variables for Multivariate Calibration ［J］. Analytical Chemistry, 1996, 68 (21)：3851~3858.

［51］ Jouan-Rimbaud D, Massart D L, Leardi R, et al. Genetic algorithms as a tool for wavelength selection in multivariate calibration ［J］. Anal. Chem. , 1995, 67：4295.

[52] Horchner U, Kalivas J H. Further Investigation on a Comparative Study of Simulated Annealing and Genetic Algorithm for Wavelength Selection [J]. Anal. Chim. Acta., 1995 (311): 1.

[53] Shamsipur M, Zare-Shahabadi V, Hemmateenejad B, et al. An efficient variable selection method based on the use of external memory in ant colony optimization. Application to QSAR/QSPR studies [J]. Analytica Chimica Acta, 2009, 646 (1~2): 39~46.

[54] 陶丘博, 申琦, 张小亚, 等. 基于粒子群优化的波段选择方法在多组分同时测定中的应用 [J]. 分析化学, 2009, 37 (8): 1197~1200.

[55] Norgaard L, Saudland A, Wagner J, et al. Interval Partial Least-Squares Regression (iPLS): A Comparative Chemometric Study with an Example from Near-Infrared Spectroscopy [J]. Applied Spectroscopy, 2000, 54 (3): 413~419.

[56] Kennard R W, Stone L A. Computer Aided Design of Experiments [J]. Technometrics, 2012, 11 (1): 137~148.

[57] 詹雪艳, 赵娜, 林兆洲, 等. 校正集选择方法对于积雪草总苷中积雪草苷 NIR 定量模型的影响 [J]. 光谱学与光谱分析, 2014, 34 (12): 3267~3272.

[58] Galvao R K H, Araujo M C U, Jose G E, et al. A method for calibration and validation subset partitioning [J]. Talanta, 2005, 67 (4): 964~968.

[59] Gowen A A, Downey G, Esquerre C, et al. Preventing over-fitting in PLS calibration models of near-infrared (NIR) spectroscopy data using regression coefficients [J]. J. Chemometrics, 2011 (25): 375~381.

[60] Xu Q S, Liang Y Z. Monte Carlo cross validation [J]. Chemom. Intell. Lab. Syst., 2001 (56): 1~11.

[61] Filzmoser P, Liebmann B, Varmuza K. Repeated double cross validation [J]. J. Chemometrics, 2009 (23): 160~171.

2 径向探测气液两相流近红外光谱吸收特性研究

2.1 理论分析

2.1.1 红外吸收光谱的基本原理及产生条件

一定频率的红外线经过分子时，被分子中相同振动频率的键振动吸收，记录所得透过率的曲线称为红外光谱图。红外光谱的表示方法以透过率 T-λ 或 T-ν 来表示，其中波数 $\nu(\mathrm{cm^{-1}})$ 与波长 $\lambda(\mu\mathrm{m})$ 的关系及透射率 T（%）的定义为：

$$\nu = 10^4/\lambda \tag{2-1}$$

$$T = I/I_0 \times 100\% \tag{2-2}$$

式中，I 为透过强度；I_0 为入射强度。

产生红外吸收光谱必须满足两个条件，首先，电磁波能量与分子两个能级差相等，这决定了吸收峰出现的位置；其次，红外光与分子之间有耦合作用，为了满足这个条件，分子振动时其偶极矩必须发生变化。

2.1.2 红外吸收光谱的区域及分类

红外光谱可分为发射光谱和吸收光谱两类。物体的红外发射光谱主要决定于物体的温度和化学组成，其测试比较困难，红外发射光谱只是一种正在发展的新的实验技术。通常将红外光谱分为 3 个区域，具体如图 2-1 所示。

2.1.3 红外技术检测相含率的原理

近红外光可以测量相含率的原理是利用 Lambert-Beer 吸收定律和吸光度特性叠加定律。在本实验中利用近红外光可以穿透有机玻璃管与流体，流体主要指水，由于近红外光对其吸收系数不同，吸收峰不重合，在确定波长下能够很好地区分气液两相。同时，近红外光线受气液界面影响明显，例如探测器在完全水、完全气，以及水气混合时能有明显的不同，可以反映气液界面的不同流型情况。气液两相流在不同流型不同水相体积含率下流动时，气、液两相在管道截面上所占的比例不同，气液对近红外线的衰减强度也不同，且微小气泡对近红外衰减作用较强，会直接导致实验过程中检测到的近红外线强度不同。

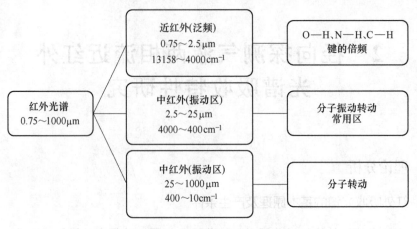

图 2-1 红外光谱分区图

近红外光信号穿过管道内的气液两相，投射的光强被近红外接收装置所接收，近红外接收装置从所接收到的近红外光信号中提取光强信号，并把所提取的光强信号转换为感应电压信号后输出。光强信号与感应电压成正比，即投射被接收到的光强信号越大，感应电压越大；反之，感应电压越小。另外，光强信号与管道内的液相含率也有直接关系，液相含率越高，投射出去的光强信号越小，感应电压越小；反之，感应电压越大。当管道为空管时，感应电压最大；当满管时，感应电压最小。

近红外接收装置与高速数据采集单元相接，近红外接收装置所输出的感应电压信号被数据采集单元所采集。数据采集单元对所采集的感应电压信号进行放大、解调、滤波及模数转换，得到电压信号，之后将所得数字电压信号发送给计算机[1]。

2.2 相含率检测装置设计

2.2.1 实验装置介绍

在实际中用于近红外光探测的主要有光敏电阻、光电二极管、InGaAs 探测器以及其他探测器等。各个探测器对于波长、强度、响应特性都有自己的相对应的特点。在实际探测器的选择上应根据产品特性及实验的具体需求作出合理的判断。

PbS 光敏电阻是近红外辐射探测器，波长响应范围在 $1\sim3.4\mu m$，峰值响应波长为 $2\mu m$，响应时间约 $200\mu s$，室温工作能提供较大的电压输出，但是需要考虑与光源光谱特性的匹配性、环境光影响、电参数范围等各个方面。

硅光电二极管光谱响应范围为 $0.4\sim1.1\mu m$，峰值响应波长约为 $0.9\mu m$，电流响应率为 $0.4\sim0.5\mu A/\mu W$，频率特性好，适宜于快速变化的光信号探测。

InxGa1-xAs 光谱响应范围为 0.87~3.5μm，高量子效率，是短波红外探测过程中非常重要的一种材料。InGaAs 探测器可以在常温下工作，并且具有较高的灵敏度和探测率，非常适合应用到近红外探测领域。

基于以上探测器的性能及波长范围，因此在单波长探测器的选择中，选择硅光电二极管以及 InGaAs 材料探测器进行实验[2]。

2.2.1.1 发射探头介绍

根据前面 2.1 节内容介绍，选取水的吸收作用强烈而有机玻璃吸收比较弱的波段，另外考虑市场上发射探头的供应及成本控制，最终选取波长为 970nm 和 1550nm 的发射探头。由于激光二极管的工作时间太短，不能连续工作超过 1min，受温度影响比较大，实验过程中需要经常关闭再开启动作，对于实验的连续性及精度有很大的影响，所以选取国外进口的发光二极管。

本发光二极管芯片材料为 GaAs，采用环氧树脂透镜封装，峰值波长下辐射功率 23mW，发射角度±4°，工作温度-30~85℃，储存温度-40~100℃，峰值波长范围分别为（970±30）nm，（1550±30）nm，电源供应 3~18V。产品基本图如图 2-2 所示，封装后效果如图 2-3 所示。

图 2-2　发光二极管

图 2-3　封装结果

此发光二极管可以连续长时间工作，在工作时需要连接一个电阻，并且根据电源的供应计算相应的电阻值。在实验过程中，电源采用±5V 直流电源供应，通过计算得到 970nm 发光二极管需要的电阻值为 200Ω，1550nm 发光二极管需要的电阻为 180Ω。电源的正极接发光二极管的正极，然后从二极管负极端出来的线接电阻的一端，电阻的另一端连接电源的负极即可。

2.2.1.2 探测器介绍

A　集成光电二极管

970nm 的近红外探测器选用集成光电二极管 OP1301，如图 2-4 所示，引脚图如图 2-5 所示。尺寸为 2.29mm×2.29mm，高灵敏度。比如在波长为 650nm 时，电流输出 0.47A/W，电压输出 0.47V/μW，光电探测器面积 5.1mm²，带宽 4kHz，响应时间微秒级。

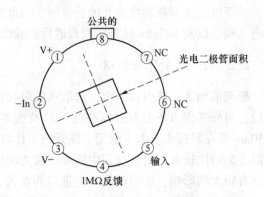

图 2-4 探测器产品图

图 2-5 探测器引脚图（俯视图）
（金属包装通过内部连接到公共端（引脚 8））

该探测器对于光谱响应如图 2-6 所示，根据相关理论，只要响应率超过 0.1V/μm 即可以用来进行探测，根据图 2-6 显示 970nm 对应的纵坐标超过 0.1V/μm，故可以用作探测器。探头的响应时间为微秒级，响应非常快，适用于高频信号采集。

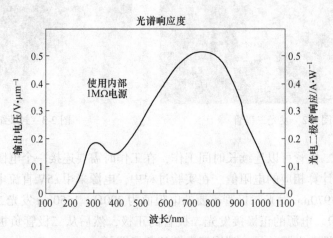

图 2-6 970nm 探测器光谱响应图

OP1301 探头是八引脚探头，其探头的引脚图如图 2-5 所示，引脚连接图如图 2-7 所示。其中引脚 1 和 3 分别是连接电源的正负极，引脚 8 是接地端，引脚 5 为输出端，并且本探测器内部已经将电流直接转换成了电压值，便于测量。引脚 4 和 5 连到一起，其他引脚空接。探测器内部有内置阻抗，如果实验结果探测器灵敏度比较弱，可以在 4 和 5 之间连接阻抗来进行调节。外接阻抗如图 2-8 所示。在扩展过程中，外接电阻与电容之间的关系见表 2-1。

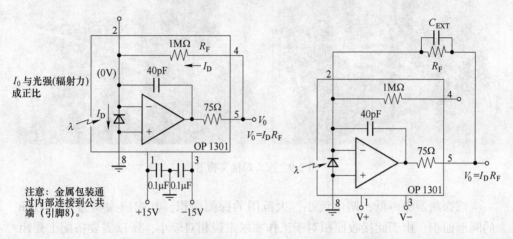

图 2-7 探测器引脚连接图   图 2-8 探测器外接阻抗扩展图

表 2-1 探测器外接阻抗分布

外接电阻 $R_F/\text{k}\Omega$	外接电容 C_{EXT}/pF
100000	0
10000	0
1000	0
330	30
100	130
33	180
10	350

按照连接图进行焊接，最终焊接结果如图 2-9 所示，其中黑色的为加上封装后的 OP1301 探测器，黑色用于屏蔽环境光的影响，封装上面有螺纹，便于固定到实验管道上进行探测。另外两个为 10^{-4}F 的电容，主要作用是屏蔽干扰信号。引出的四根线依次是探测器的输出端，电源的正、负端以及接地端。

B G8370-01 探测器

与 1550nm 发光二极管相对应的探测器为 G8370-01 探测器，是 InGaAs 探测器，实物图如图 2-10 所示。

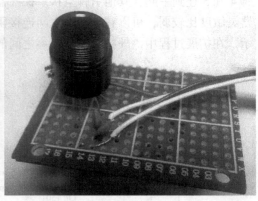

图 2-9　探头焊接实物图

　　该探测器噪声低，暗电流小，大范围的探测面积，其响应面积为直径 1mm 的圆形面积。由于此接收面积对于工作要求来说相对较小，所以需要搭配上焦距为 F15 的聚光套筒，从而提高探测面积与测量精度，最终封装结果如图 2-11 所示。工作环境温度范围为 -40~85℃，存储温度范围 -55~125℃，反向电压为 10V，光谱响应范围为 0.9~1.7μm，光谱响应图如图 2-12 所示，图 2-12 中可见峰值波长为 1550nm，灵敏度高，峰值处的响应为 0.95A/W。用此探测器对应 1550nm 的发射二极管可以得到非常好的探测效果，并且测量精度高，灵敏度高。

图 2-10　InGaAs 探测器实物图　　　　　　图 2-11　透镜封装结果图

　　由于该探测器输出的是电流，信号不能直接用于采集，因此需要接后续处理电路。采用与之相匹配的处理电路图如图 2-13 所示，电路板面积为 56mm× 28mm。该电路板可以进行环境光清零，具有电源显示，提供供电电压，根据输

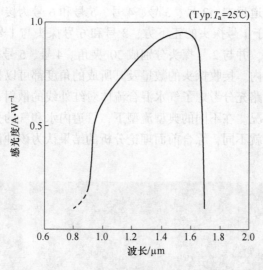

图 2-12　光谱响应曲线

出结果选择放大倍数 1、10、100 的作用。放大后的输出可以直接用于高频信号采集，实时进行测量采集。

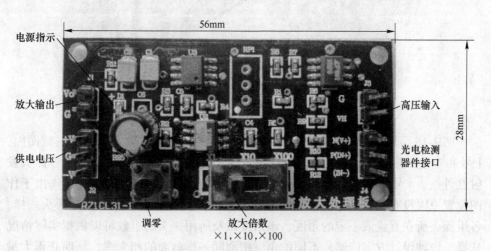

图 2-13　InGaAs 处理电路图

2.2.2　管道及探头设计

2.2.2.1　单探头在垂直及水平管道的探头位置

图 2-14 显示了一种红外线收发探头安放位置的设计思路，其中 1 号探头为

发射探头，位于管道顶端，2 号、3 号、4 号、5 号和 6 号为接收探头，位于管道底部。2 号探头位于 1 号探头的正下方，3 号和 6 号探头与 1 号和 2 号探头位于同一管道横截面内，并与 2 号探头分别成 30°夹角。4 号、5 号探头和 2 号探头位于管道垂直纵截面内。接收探头的数量及其所成的角度都可以根据实际情况进行选择。该种设计思路充分考虑了气水混合流体对红外线的散射、反射、折射、吸收等的综合作用情况。在不同的典型流型下，管道内水和气的分布不同，各个探头接收到的光强也就不同，综合前面理论分析的结果认为该种设计思路对流型的变化比较敏感。

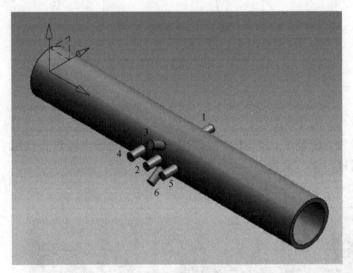

图 2-14　分布式探头安装位置设计图

　　图 2-15 显示了 3 组探头的安放位置。所有的探头均在管道的同一横截面内，1 号和 4 号探头位于一条直线上，且该直线经过管道横截面的圆心，1 号探头发射红外线，4 号探头接收红外线。2 号和 5 号为一组探头，3 号和 6 号（由于作图位置原因没有在图中标出）为一组，各组的安放位置同 1 号和 4 号探头一样。各组探头所在直线成一定的角度，该角度以及所用探头的组数可以根据实际情况选择。该种设计方案能够从不同的角度探测同一横截面的相含率，从而获得大量的相含率信息。通过预实验对装置结构进行了分析。

　　为了尽可能多地获得管道内同一横截面上的相含率信息，本设计采用了图 2-16 所示的探头安放位置设计思路，具体的探头安放位置如图 2-16 所示[3]。

　　图 2-16 中 1 号和 5 号探头、2 号和 6 号探头、3 号和 7 号探头、4 号和 8 号探头分别为一组。其中 1 号、2 号、3 号和 4 号探头发射红外线，5 号、6 号、7 号和 8 号探头负责接收。每个探头相隔 45°。如图 2-16 所示，1 号探头位于管道顶

图 2-15　对称式探头安装位置设计图

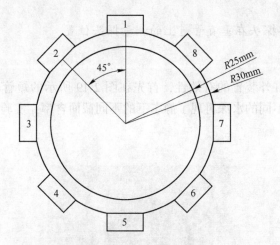

图 2-16　探头安放位置图

端，5 号探头位于管道底端，3 号和 7 号探头位于管道的水平位置。

　　进行水平流向和垂直向上流向的实验，在水平位置和垂直位置上分别安装了一组红外探头：水平管道上在 1 号位置（垂直位置）安装了收发探头，位于管道顶端的为发射探头，接收探头位于管道低端。考虑到在垂直管道中横截面上四组探头位置的对称性，选择了一个位置安装收发探头，如图 2-17 和图 2-18 所示。

　　虽然接收探头的光谱接收峰值位于红外区间，但是探头对于环境可见光也有一定的敏感性。为了尽可能地消除此影响，在实验管段安装收发探头的位置处加装了一层黑色的塑料薄层，以此滤除环境光的影响。

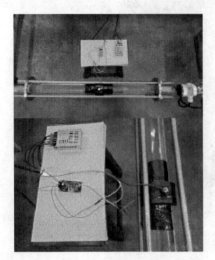

图 2-17　水平流向管道图　　　　　　　　　图 2-18　垂直流向管道图

2.2.2.2　单探头在垂直管道上的测量探头位置

A　静态测试

为了验证本红外装置的有效性，首先在图 2-19 所示的短管上进行了静态实验。实验中通过不同的水深再现了静态下的不同截面含率，实验参数的设置见表 2-2。

图 2-19　静态实验装置图

表 2-2　静态实验参数设置表

水深/mm	水相截面含率/%
0	0
5	5.27
10	14.15
15	25.26
20	37.37
25	50
30	62.63
35	74.74
40	85.85
45	94.73
50	100

在图 2-19 所示的管道上安装了 1 组红外收发探头，通过旋转管道的方法使该组探头位于管道截面不同的角度上，从而得到 4 组探头的数据。图 2-20 显示了在第 2 组探头位置处的实验情况。

图 2-20　静态实验探头位置图

通过图 2-20 所示的探头安放位置方法，测得了不同角度上的红外线强度数据，见表 2-3～表 2-6。

表 2-3　1 号探头静态实验数据表

水深/mm	水相截面含率/%	1	2	3	4	5	6
0	0	2.98	2.93	2.99	2.55	2.73	2.74
5	5.27	3.02	2.84	2.82	2.46	2.69	2.52
10	14.15	2.16	2.26	2.22	2.02	2.09	2.09
15	25.26	1.76	1.88	1.84	1.73	1.71	1.76
20	37.37	1.46	1.51	1.51	1.43	1.38	1.44
25	50	1.2	1.23	1.24	1.2	1.19	1.15
30	62.63	0.95	0.96	0.98	0.95	0.93	0.94
35	74.74	0.72	0.74	0.73	0.72	0.7	0.75
40	85.85	0.59	0.64	0.6	0.64	0.57	0.65
45	94.73	0.53	0.55	0.54	0.57	0.54	0.56
500	100	0.51	0.5	0.5	0.53	0.53	0.53

表 2-4　2 号探头静态实验数据表

水深/mm	水相截面含率/%	1	2	3	4	5	6
0	0	2.87	2.7	2.78	2.68	2.85	2.66
5	5.27	2.96	2.75	2.74	2.69	2.82	2.69
10	14.15	1.23	1.78	1.18	1.88	1.16	1.92
15	25.26	1.77	1.54	1.61	1.49	1.64	1.46
20	37.37	1.26	1.2	1.19	1.21	1.21	1.18
25	50	0.98	0.97	0.94	0.92	0.96	0.97
30	62.63	0.7	0.73	0.66	0.71	0.71	0.7
35	74.74	0.5	0.52	0.5	0.48	0.51	0.48
40	85.85	0.37	0.38	0.4	0.38	0.41	0.37
45	94.73	0.39	0.39	0.38	0.39	0.37	0.39
500	100	0.39	0.39	0.39	0.4	0.38	0.38

表 2-5　3 号探头静态实验数据表

水深/mm	水相截面含率/%	1	2	3	4	5	6
0	0	2.82	2.38	2.51	2.4	2.98	2.84
5	5.27	2.66	2.35	2.45	2.44	2.88	2.76

水深/mm	水相截面含率/%	1	2	3	4	5	6
10	14.15	2.59	2.31	2.39	2.47	2.82	2.79
15	25.26	2.58	2.52	2.36	2.5	2.81	2.85
20	37.37	2.72	2.6	2.62	2.75	3.01	2.95
25	50	3.51	1.97	3.62	2.3	0.85	1.68
30	62.63	0.46	0.29	0.31	0.27	0.41	0.18
35	74.74	0.3	0.36	0.26	0.31	0.27	0.32
40	85.85	0.31	0.31	0.21	0.24	0.19	0.23
45	94.73	0.37	0.39	0.24	0.28	0.2	0.22
500	100	0.48	0.49	0.26	0.34	0.21	0.23

表 2-6　4 号探头静态实验数据表

水深/mm	水相截面含率/%	1	2	3	4	5	6
0	0	3.01	2.63	2.77	2.57	2.84	2.51
5	5.27	2.99	2.63	2.73	2.6	2.77	2.53
10	14.15	0.38	1.31	0.6	1.39	0.56	1.37
15	25.26	1.1	1.09	0.98	1.07	1.02	1.04
20	37.37	0.97	0.96	0.87	0.92	0.88	0.89
25	50	0.87	0.78	0.77	0.81	0.76	0.73
30	62.63	0.84	0.72	0.71	0.74	0.71	0.65
35	74.74	0.76	0.69	0.73	0.67	0.67	0.61
40	85.85	0.73	0.7	0.68	0.64	0.6	0.58
45	94.73	0.32	0.32	0.28	0.32	0.25	0.31
500	100	0.23	0.25	0.22	0.24	0.19	0.2

　　图 2-21 为表 2-3~表 2-6 中的数据在相同的水相含率下分别求均值得到的 4 个不同位置处的红外强度曲线。

　　图 2-21 中 1 代表第 1 组探头位置处的红外强度曲线，2、3 和 4 分别代表第 2 组、第 3 组和第 4 组探头位置处的红外强度曲线。从图 2-21 中可以看出：曲线 1 呈现出指数衰减的规律，同时这与分析的静止状态理想情况下的红外线强度衰减规律相吻合，这与第一组收发探头与水面垂直有关，水对红外线作用的其他方式如反射、折射和散射等对红外线强度的影响没有吸收作用强烈；曲线 2、曲线 3 和曲线 4 呈现出与曲线 1 截然不同的规律，并且它们各自的规律也不相同：曲

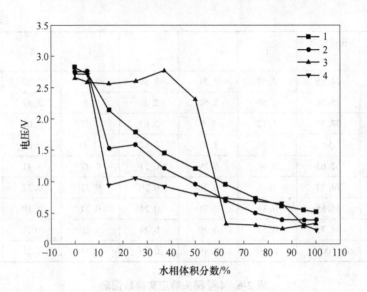

图 2-21　静态下红外强度曲线

线 2 在水相含率小于 5.27% 时基本保持不变，在 14.15% 处出现较大的减小，之后基本保持指数衰减的规律；曲线 3 在 37.37% 之前和 62.63% 之后保持稳定，在两者之间呈现出较大的减小；曲线 4 在 5.27% 之前基本保持不变，在之后呈现出比曲线 2 在同样位置处更大的衰减值。由此可以得出结论：静态下，收发探头的位置将极大地影响到红外线的强度值，位置不同其强度的变化规律也不同，并且水对红外线的作用方式也不同。

在实验中同时注意到了以下几点：

（1）红外线发射功率的选择。红外线的发射功率需要选择合适的大小，其值不能太大，否则水的吸收效果将很不明显，接收探头一直处于饱和状态，甚至导致实验失败。

（2）水对管壁浸润效果的影响。水位在逐渐增加和逐渐减小时，同一位置处（第 1 组收发探头除外）接收探头接收到的红外线强度的变化规律略有不同，这可能与水位上升和下降时水面与有机玻璃管段内壁之间的不同作用方式有关（当水位下降时，水对有机玻璃管段表现出浸润的效果，反之则表现出非浸润的效果）。

（3）发射探头工作时间。红外线激光发射装置不能长时间的工作，工作时间限定在 1min 内为最佳，长时间的工作会使发射系统产生大量的热能，最终对系统本身造成损伤。

（4）环境光（可见光）的影响。虽然接收探头工作的中心波长为 980nm，但是实验环境下可见光的强弱会对接收探头输出的红外线强度产生明显影响，并且影响的程度会随着接收探头位置的不同而略有不同，动态实验时需要特别考虑对环境光的消除。

B 水平管段模型分析

在水平实验管段，由于重力作用，气液两相中水相分布在管道下部分，气相在管道上方。含水率分布情况分为两种，一种是水相体积含水率小于50%时气液两相分布情况，如图2-22所示，另一种是水相截面含水率大于50%时气液分布情况，如图2-23所示。这两种情况下的含水率计算方式是不同的。

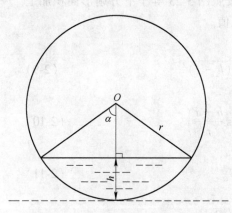

图 2-22 体积含水率小于 50%

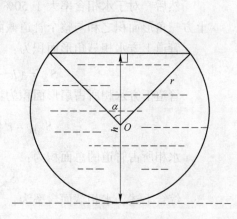

图 2-23 体积含水率大于 50%

在静态时，截面含水率与体积含水率的计算是一样的，所以计算得到的截面含水率就是体积含水率。在图2-22与图2-23中，管道截面半径为 r ，水层深度为 h ，水相体积含率为 β_1 ，水相界面含率为 α_1 ，下面将根据水的深度来计算截面含水率情况。

首先，对于水相含率小于50%的情况，水相截面含率即管道下方扇形面积减去三角形区域之后的水相界面面积所占整个管道截面积的比例。

实验管道横截面面积为：

$$S_{总} = \pi r^2 \tag{2-3}$$

管道下方水相所占扇形面积为：

$$S_{扇形} = r^2 \cdot \arccos \frac{r-h}{r} \tag{2-4}$$

管道水相上方三角形面积为：

$$S_{\triangle} = (r-h) \cdot \sqrt{r^2 - (r-h)^2} \tag{2-5}$$

水相所占的管道面积为：

$$S_{水} = S_{扇形} - S_{\triangle} \tag{2-6}$$

综合上述，得到水相截面含率为：

$$\alpha_1 = \frac{S_水}{S_总} = \frac{S_{扇形} - S_{\triangle}}{S_总} \tag{2-7}$$

即水相体积含率为：

$$\beta_1 = \alpha_1 = \frac{r^2 \arccos \dfrac{r - h}{r} - (r - h) \sqrt{r^2 - (r - h)^2}}{\pi r^2} \times 100\%, \ h < r \tag{2-8}$$

然后，对于水相含率大于 50% 的情况，按照图 3-23 等于下方扇形面积加上上方三角形面积之和与整个管道截面面积的比值。

管道上方水相三角形面积为：

$$S_{\triangle} = (h - r) \sqrt{r^2 - (h - r)^2} \tag{2-9}$$

管道下方水相所占扇形面积为：

$$S_{扇形} = r^2 \left(\pi - \arccos \frac{h - r}{r} \right) \tag{2-10}$$

水相所占管道的总面积为：

$$S_水 = S_{扇形} + S_{\triangle} \tag{2-11}$$

综合上述，水相截面含率为：

$$\alpha_1 = \frac{S_水}{S_总} = \frac{S_{扇形} + S_{\triangle}}{S_总} \tag{2-12}$$

即水相体积含率为：

$$\beta_1 = \alpha_1 = \frac{r^2 \left(\pi - \arccos \dfrac{h - r}{r} \right) + (h - r) \sqrt{r^2 - (h - r)^2}}{\pi r^2} \times 100\%, \ h > r$$

$$\tag{2-13}$$

综合以上两种情况，即包含了水平管所有的情况。在水平管段进行测量时，根据实验所测得电压信号依据静态实验所得到的水层厚度与测量值之间的关系式，便可以得到水层厚度的值。通过式（2-8）与式（2-13）的相应的水层厚度以及水相体积含率的关系式，可以得到动态试验水相体积含率的估计值。

C　垂直管段模型分析

在垂直实验管段，当近红外光线穿过管段时，会经过一个大气弹或者多个小气泡，或者中间雾气，管壁处是水珠的情况。在各种情况下，气体都是在管道中心处而周围被水包围，近红外光先通过水然后通过气体最后再次通过水层的结构。在垂直管段内部是关于轴对称的，近红外光强在各个方向上穿透后的测量结果理论上应该是一致的。气泡分布的位置也不会影响其所占管道截面的比例。

因此，将各种小气泡无限融合成一个大气泡，其半径为 r'，管道内水层厚度

为 h，管道半径为 r，则水相含率应为相对应的圆环面积与整个管道横截面积的比值，示意图如图 2-24 所示。

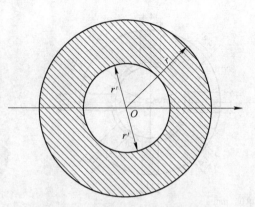

图 2-24 垂直管段时水相含率图

管道内气相的半径为：

$$r' = r - h/2 \qquad (2\text{-}14)$$

管道内气相所占面积为：

$$S_{气} = \pi r'^2 \qquad (2\text{-}15)$$

实验管道横截面面积为：

$$S_{总} = \pi r^2 \qquad (2\text{-}16)$$

管段内圆环水相的截面积为：

$$S_{水} = S_{总} - S_{气} \qquad (2\text{-}17)$$

综合上述，水相截面含率为：

$$\alpha_1 = \frac{S_{水}}{S_{总}} = \frac{S_{总} - S_{气}}{S_{总}} \qquad (2\text{-}18)$$

即最终的水相体积含率为：

$$\beta_1 = \alpha_1 = \frac{r^2 - r'^2}{r^2} \times 100\% = 1 - \left(\frac{r - h/2}{r}\right)^2 \times 100\% \qquad (2\text{-}19)$$

综合上述，水平管道根据式（2-8）与式（2-13）计算水相体积含率，而垂直管段根据式（2-19）计算得到。

2.2.2.3 多探头在水平管道上的探头位置

采用近红外光谱透射分析技术，即 4 组发射与接收探头分布在管道的同一个横截面上，实验装置的物理模型和三维图如图 2-25 所示。检测器得到的近红外光是经过气液两相流并耦合了气液两相流流型、相含率等参数信息。红外探测器将探测到的近红外光转化为电流信号。光电检测放大处理电路对电流信号进行处理，进行环境清零、电压转换和放大处理，将最终的电压信号输出到 NI 采集装置进行采集[4]。实验装置示意图如图 2-26 所示。

实验室现有的带发射和接收孔管段都是用有机玻璃管道直接做成的，如图 2-27(a) 所示，近红外光线在照射的过程中容易受到日光灯、太阳光等光线的干扰，削弱光线的照射强度，不能保证数据准确性。在这个基础上，重新设计了一种外面是不锈钢，在不锈钢管道上钻 4 组收发射孔，4 个发射孔的直径为 0.565 英寸（1.435cm），4 个发射孔的直径为 1.1cm，在孔中间镶嵌有机玻璃，如图 2-27(b) 所示。但是为了保证实验过程中管道的密闭性，直接将整个不锈钢管嵌套了有机玻璃管，然后在管道的两头焊接固定法兰，如图 2-27(c) 所示。为了避

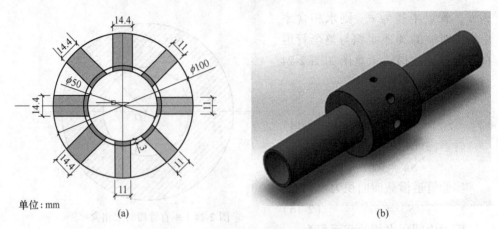

图 2-25　实验管道的物理模型和三维图

（a）物理模型；（b）三维图

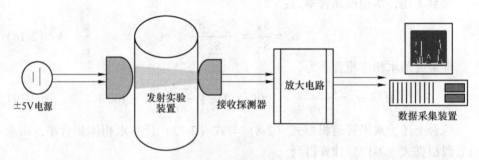

图 2-26　实验装置示意图

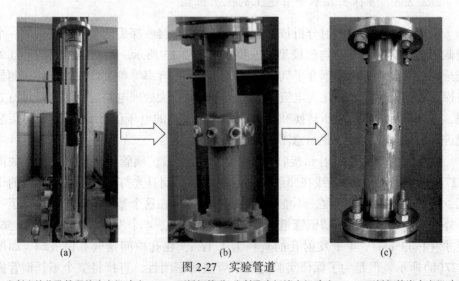

图 2-27　实验管道

（a）发射和接收孔管段均为有机玻璃；（b）不锈钢管道+发射孔中间镶有机玻璃；（c）不锈钢管嵌套有机玻璃管

免光线对红外光的影响，同时设计 4 组收发射孔的同轴处理，保证数据接收的最大值。

实验在水平管段进行，连接 40cm 的有机玻璃管段和 40cm 的 8 探头不锈钢嵌套有机玻璃实验装置，在有机玻璃管段对实验流型进行观察，在 4 组探头装置进行实验信号的采集。水平管段实验装置的具体连接图如图 2-28 所示。

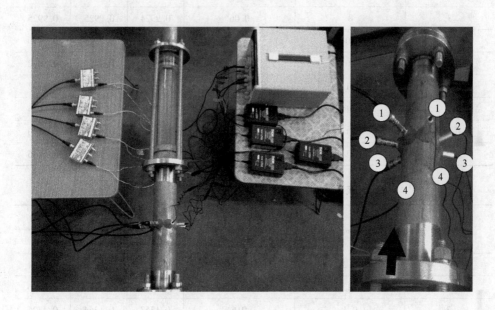

图 2-28　水平管段实验装置连接图

1~4—1~4 组探头

2.3　相含率检测

2.3.1　单探头在水平及垂直管道上的相含率检测实验

根据前面的分析完成了相含率检测装置的设计和优化，利用此装置在多相流模拟系统中进行了水平管和垂直管气水两相流典型流型下的液相体积含率检测实验。

2.3.1.1　实验参数设置

基于本多相流模拟系统，为了检测典型流型下的水相体积含率，进行了水平流向和垂直向上流向的实验，实验参数的设置及相应工况下相含率理论计算值见表 2-7~表 2-13。

表 2-7　水平流向泡状流实验参数设置表

序号	液相点/m³·h⁻¹	气相点/m³·h⁻¹	相含率		
			1	2	3
1	6	0.03	0.9951	0.9951	0.9951
2	8	0.03	0.9963	0.9962	0.9963
3	8	0.06	0.9924	0.9925	0.9925
4	10	0.06	0.9940	0.9940	0.9940
5	10	0.18	0.9823	0.9822	0.9822
6	11	0.03	0.9973	0.9972	0.9973
7	11	0.06	0.9945	0.9945	0.9945
8	11	0.12	0.9891	0.9889	0.9890
9	11	0.18	0.9836	0.9835	0.9836

表 2-8　水平流向分层流实验参数设置表

序号	液相点/m³·h⁻¹	气相点/m³·h⁻¹	相含率		
			1	2	3
1	0.2	0.51	0.2825	0.2706	0.2744
2	0.230	0.6	0.2441	0.2349	0.2336
3	0.1	0.6	0.1353	0.1364	0.1325
4	0.05	0.6	0.0701	0.0773	0.0706
5	0.05	5	0.0016	0.0016	0.0013
6	0.5	5	0.0125	0.0130	0.0128
7	1	5	0.0252	0.0252	0.0252
8	0.5	10	0.0066	0.0070	0.0066
9	0.05	15	0.0006	0.0005	0.0005

表 2-9　水平流向环状流实验参数设置表

序号	液相点/m³·h⁻¹	气相点/m³·h⁻¹	相含率		
			1	2	3
1	8	15	0.1103	0.1160	0.1127
2	9	15	0.1269	0.1252	0.1276
3	11	15	0.1586	0.1606	0.1606
4	8	30	0.1091	0.1067	0.1101

续表 2-9

序号	液相点/m³·h⁻¹	气相点/m³·h⁻¹	相含率		
			1	2	3
5	11	30	0.1575	0.1569	0.1575
6	11	40	0.1590	0.1577	0.1575
7	10	40	0.1424	0.1414	0.1414
8	9	40	0.1254	0.1262	0.1241
9	11	50	0.1582	0.1562	0.1590

表 2-10　垂直流向泡状流实验参数设置表

序号	液相点/m³·h⁻¹	气相点/m³·h⁻¹	相含率		
			1	2	3
1	4	0.6	0.8416	0.8187	0.8199
2	4	0.48	0.8679	0.8474	0.8501
3	6	0.24	0.9464	0.9464	0.9558
4	6	0.6	0.8774	0.8772	0.8956
5	7	0.6	0.9109	0.9054	0.9011
6	8	0.48	0.9354	0.9302	0.9280
7	9	0.48	0.9425	0.9406	0.9370
8	10	0.24	0.9733	0.9724	0.9711
9	11	0.12	0.9873	0.9873	0.9874

表 2-11　垂直流向弹状流实验参数设置表

序号	液相点/m³·h⁻¹	气相点/m³·h⁻¹	相含率		
			1	2	3
1	0.1	0.3	0.2273	0.2186	0.2200
2	0.1	0.42	0.1733	0.1700	0.1651
3	0.1	0.6	0.1309	0.1248	0.1282
4	0.3	0.36	0.4149	0.4264	0.4329
5	0.3	0.6	0.3017	0.3139	0.3130
6	0.5	0.42	0.5128	0.5166	0.5231
7	0.75	0.42	0.6092	0.6161	0.6155
8	1	0.3	0.7467	0.7477	0.7467
9	1	0.42	0.6789	0.6797	0.6781

表 2-12　垂直流向乳状流实验参数设置表

序号	液相点/m³·h⁻¹	气相点/m³·h⁻¹	相含率		
			1	2	3
1	0.1	15	0.0011	0.0013	0.0012
2	0.1	5	0.0025	0.0030	0.0032
3	0.5	50	0.0064	0.0064	0.0064
4	0.5	5	0.0132	0.0141	0.0120
5	1	5	0.0263	0.0294	0.0272
6	1.5	5	0.0407	0.0471	0.0396
7	1.5	40	0.0216	0.0219	0.0213
8	2	15	0.0310	0.0303	0.0314
9	2	5	0.0593	0.0572	0.0618

表 2-13　垂直流向环状流实验参数设置表

序号	液相点/m³·h⁻¹	气相点/m³·h⁻¹	相含率		
			1	2	3
1	8	10	0.1191	0.1240	0.1244
2	8	30	0.0998	0.0984	0.0991
3	8.5	10	0.1258	0.1309	0.1343
4	8.5	30	0.1082	0.1017	0.1084
5	9	10	0.1347	0.1360	0.1419
6	9	25	0.1161	0.1111	0.1096
7	9.5	10	0.1529	0.1483	0.1501
8	10	10	0.1625	0.1565	0.1587
9	10	25	0.1277	0.1299	0.1281

以上实验参数的设置，便于比较相同流型下不同体积含水率的变化情况。通过提取出的特征量，研究体积含水率的变化规律。

2.3.1.2　相含率检测装置安装

本节进行了水平流向和垂直流向实验，在水平位置和垂直位置上分别安装了一组红外探头：水平管道上在 1 号位置（垂直位置）安装了收发探头，位于管道顶端的为发射探头，接收探头位于管道低端；考虑到在垂直管道中横截面上 4 组探头位置的对称性，选择了一个位置安装收发探头。

虽然接收探头的光谱接收峰值位于红外光区间，但是探头对于环境可见光也有一定的敏感性。为了尽可能地消除此影响，在实验管段安装收发探头的位置处加装了一层黑色的塑料薄层，以此滤除环境光的影响。

2.3.1.3　水平流向实验

图 2-29 显示了在水平管道上的红外收发装置的安装效果，在 1 号位置（位于垂直位置）处安装了红外收发探头。

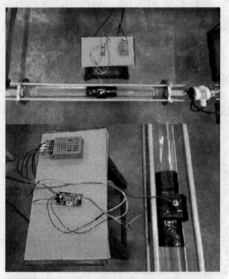

图 2-29　水平流向红外收发装置安装图

2.3.1.4　垂直流向实验

图 2-30 显示了在垂直管道上的红外收发装置的安装效果。

图 2-30　垂直流向红外收发装置安装图

接收探头所接收到的红外强度信号经过相应电路的处理转换成电压值，将此信号接到 PXI6251 的相应板卡接口用于信号采集。实验时，按照所设定的实验点逐一调整水流量和气流量，流量稳定时等待 5min 之后再进行数据的记录。数据采样率为 500Hz，采样时间为 35s。

在实验中需要特别注意红外发射探头的工作时间，由于采样时间确定为 35s，因此规定红外发射探头的工作时间为 1min。每次调整气液两相的流量稳定之后，首先等待 5min，然后开启红外发射电源，等待 10s 之后开始记录数据，数据记录完成之后关闭红外电源，对管内的流动形态进行拍照和录像，调整流量准备进行下一组实验。

2.3.1.5　实验测试结果

选取表 2-14 中的数据进行傅里叶变换并对比时域和频域的幅值，为确定后续的数据处理做准备。

表 2-14　数据对照表　　　　　　　　　　　　　　　　（m³/h）

数据点	流向	流型	实验组数	水流量	气流量
1	水平	静态	1	0	0
2	垂直	弹状流	1	0.1	0.3
3	垂直	乳沫状流	1	2	15
4	垂直	环状流	1	10	25
5	垂直	泡状流	1	11	0.12
6	水平	分层流	1	0.05	5
7	水平	环状流	1	11	50
8	水平	泡状流	1	11	0.12

在图 2-31~图 2-38 中，每个图的（a）为时域信号图，（b）为频域图。从图中可以看出，不同流向不同流型下时域信号的差别。

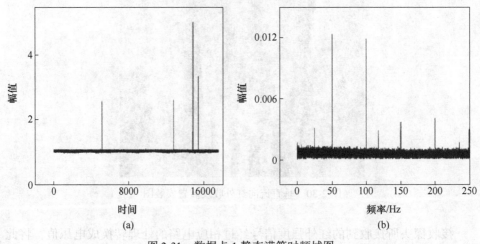

图 2-31　数据点 1 静态满管时频域图

（a）时域信号图；（b）频域图

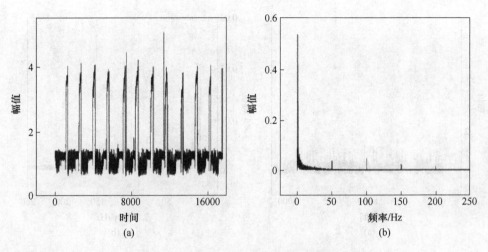

图 2-32　数据点 2 垂直管弹状流时频域图

（a）时域信号图；（b）频域图

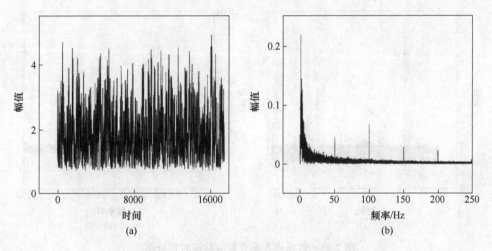

图 2-33　数据点 3 垂直管乳沫状流时频域图

（a）时域信号图；（b）频域图

图 2-31 静态时，信号基本表现出白噪声的时频域特点，虽然在时域中偶尔会有一两个较大幅值的点，但是这在 35s 的采样时间内出现的次数是很少的；还可以看出，在频域内 50Hz、100Hz、150Hz、200Hz、250Hz 处有较大的幅值，说明信号中可能混有工频及其倍频的干扰，这需要根据其他工况点下信号的频域特征来辨别。

垂直流向下，图 2-32 管道中出现弹状流时，在时域内其波形很好地捕捉到

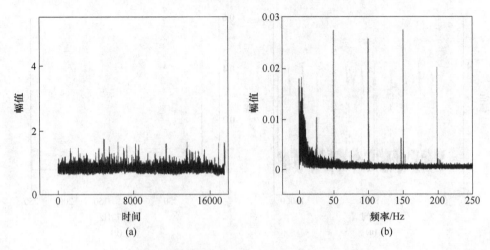

图 2-34　数据点 4 垂直管环状流时频域图

(a) 时域信号图；(b) 频域图

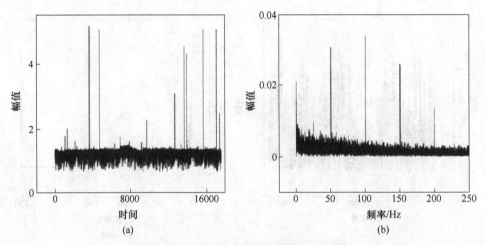

图 2-35　数据点 5 垂直管泡状流时频域图

(a) 时域信号图；(b) 频域图

了气弹、跟随气弹的大量小气泡以及下一个气弹来临之前的纯液相流动状态，在其频域内同样观察到了幅值和图中相似的工频及其倍频分量；图 2-33 管道中出现乳沫状流时信号的波动变得很剧烈，这与管道中气液之间搅混的流动状态相对应；图 2-34 管道中出现环状流时，信号波动的幅值降低，说明管道中心的水雾对红外线产生了较大的作用；图 2-35 管道中出现泡状流时，偶尔出现了较大幅值的信号点，这可能与气泡对光线的作用有关，也有可能是外界的干扰，需要滤波后再进行观察研究。

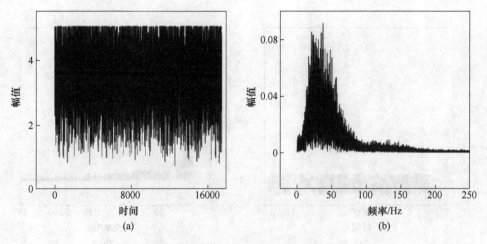

图 2-36 数据点 6 水平管分层流时频域图

(a) 时域信号图；(b) 频域图

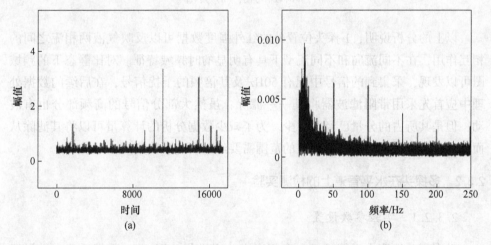

图 2-37 数据点 7 水平环状流时频域图

(a) 时域信号图；(b) 频域图

水平流向下，图 2-36 管道中出现分层流时其频域内出现与其他流型比较大的变化，分层流能够突出地显示出水对红外线强度的吸收和气水界面的反射、折射作用；图 2-37 管道中出现环状流时其幅值出现比静态满管水还要低的幅值，说明管道内介质的散射开始成为主要的作用方式，且其对幅值的影响比吸收作用要强；图 2-38 管道中出现泡状流时信号低频部分的分量值开始较其他流型有显著的增加，其信号幅值波动的幅度低于分层流，但是高于环状流。

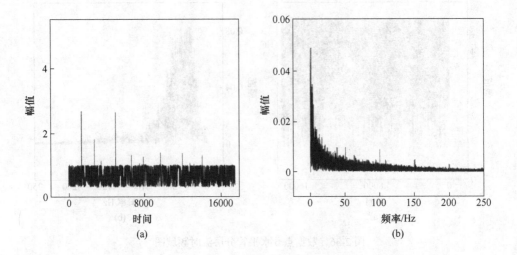

图 2-38　数据点 8 水平管泡状流时频域图
（a）时域信号图；（b）频域图

以上的分析说明，1 探头位置处的红外强度数据可以反映气液两相流之间的相互作用，在不同流向和不同流型下具有明显的时频域特征。对比静态下的频域图可以发现，采集到的信号中混有 50Hz 及其倍频的干扰信号，在后续的数据处理中应首先采用带阻滤波器将其一一滤除；虽然大部分信号的高频部分也有波动，但是其所占的分量已经非常少。为了减少数据分析的计算量可以将其滤除从而保留信号主频带的内容，滤波的范围需要经过研究后确定。

2.3.2　多探头在水平管道上的检测实验

2.3.2.1　实验参数设置

动态实验选取水平管段，在多相流实验室进行，用 MCC 数据采集卡，设置采样频率为 30Hz，采样时间为 1min。8 个采集通道，每个采集通道采集 19680 个数据，共 157440 个数据，由于近红外的发射和接收装置需要一个 50min 左右稳压的过程，所以做实验之前，需要打开电源让装置达到稳态，采集初始值后开始进行实验。实验过程中，不能对电源进行中断操作。空压机的充压振动也会对实验数据有所干扰，需要等其稳定后进行采集。另外，各个流型点工况设置完成后，等待管道流型稳定之后进行数据采集[5]。

在进行水平管实验之前，先对稳定状态下的电压进行采集，采集结果如图 2-39 所示。

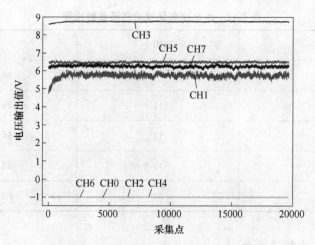

图 2-39 水平管道实验初始值与实验数据

根据各工况点的设置，可以对水相体积含率进行计算，具体的计算公式为：

$$\beta_1 = \frac{Q_1}{Q_1 + \dfrac{(101.3 + p_g) \times Q_g \times (273.2 + T_b)}{(273.2 + T_1) \times (101.3 + p_b)}} \times 100\% \tag{2-20}$$

式中，β_1 为水相体积含率；Q_1 为水相体积流量；p_g 为气路压力；Q_g 为气相体积流量；T_b 为背景温度；T_1 为水路温度，p_b 为背景压力。

2.3.2.2 工况参数设置

选择水平流型下典型流型的工况进行数据采集，具体采集参数见表2-15~表2-17。

表 2-15 水平流向泡状流气液参数设置 （m³/h）

序 号	液相点	气相点
1	11	0.03
2	11	0.06
3	11	0.12
4	11	0.18
5	11	0.24

表 2-16 水平流向分层流气液参数设置 （m³/h）

序 号	液相点	气相点
1	0.1	0.6
2	0.2	0.6
3	0.05	0.6
4	0.2	0.51
5	0.05	0.54

表 2-17　水平流向环状流气液参数设置　　　　　　　（m³/h）

序号	液相点	气相点
1	11	26. 54
2	11	29. 83
3	11	56. 76
4	11	57. 71
5	11	60. 41

2. 3. 2. 3　泡状流实验

根据工况设置，采集到泡状流五组 3 个通道数据，如图 2-40 所示。

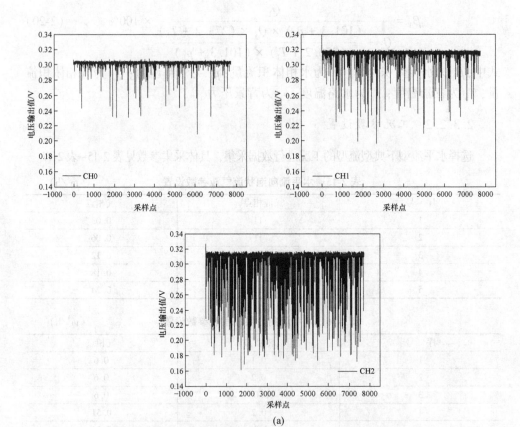

(a)

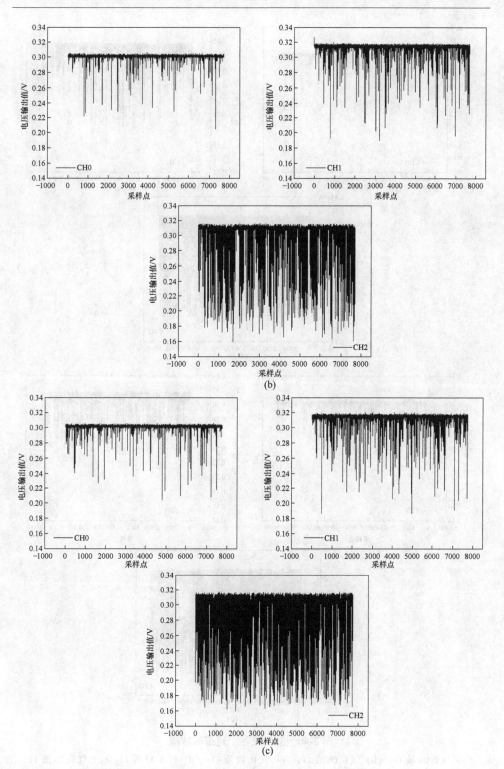

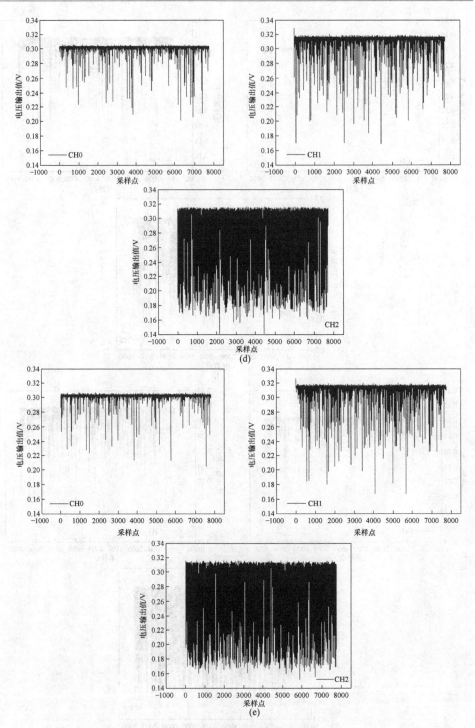

图 2-40　泡状流各个通道时域图

(a) 气 0.03 液 11；(b) 气 0.06 液 11；(c) 气 0.12 液 11；(d) 气 0.18 液 11；(e) 气 0.24 液 11

从泡状流的时域图 2-40 上可以看出，CH0 和 CH1 通道的电压值波动相对稳定，CH2 通道的电压值波动最明显，而且随着气体体积流量的增加，电压值波动越来越剧烈。分析泡状流 3 个通道电压值的均值和对应的泡状流的流型，如图 2-41 所示。

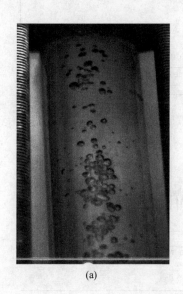
(a)

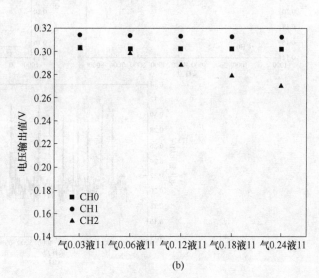
(b)

图 2-41　泡状流的流型 3 个通道电压的均值
(a) 泡状流的流型；(b) 3 个通道电压的均值

从泡状流均值图 2-41 上可以看出，随着气体的体积流量的增加，这 3 个通道的均值数据都有下的趋势。3 个探头的位置不同，出现的下降趋势也不同。这与水平管道泡状流的流动状态分不开，水平管道的气泡都在水层上面飘着，而且气体体积流量值越大，气泡移动的速度越快，CH2 在相对比较垂直管道的方向上数据变化最大，而 CH0 和 CH1 通道两个探头在管道相对水平的位置，所以变化不是很明显，电压值波动较小。

2.3.2.4　分层流实验

根据工况设置，采集到环状流 5 组 3 个通道数据，如图 2-42 所示。

从分层流的时域图 2-42 上可以看出，CH0 和 CH1 通道的电压值很稳定，CH2 通道的电压值会偶尔出现峰值现象，而且随着液体体积流量的增加，电压值波动有减小的趋势。分析分层流 3 个通道数据的均值和对应的分层流的流型，如图 2-43 所示。

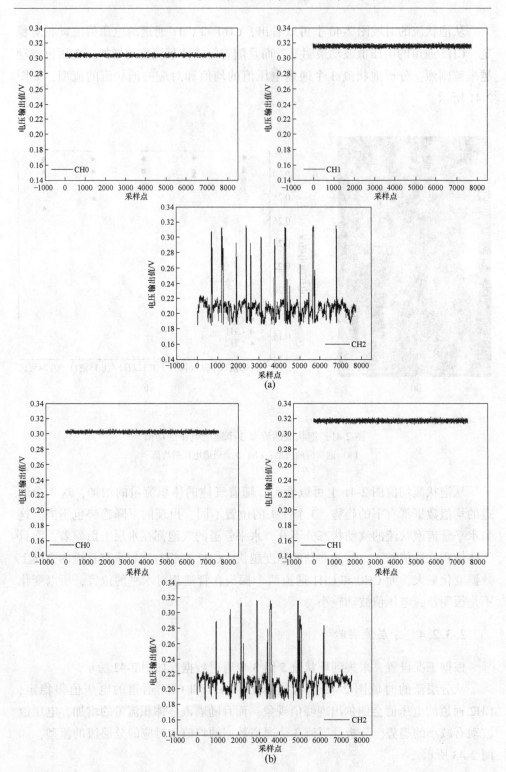

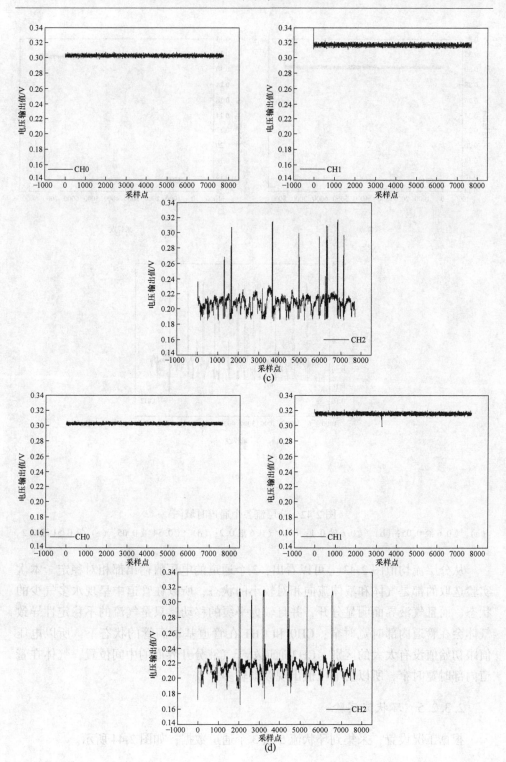

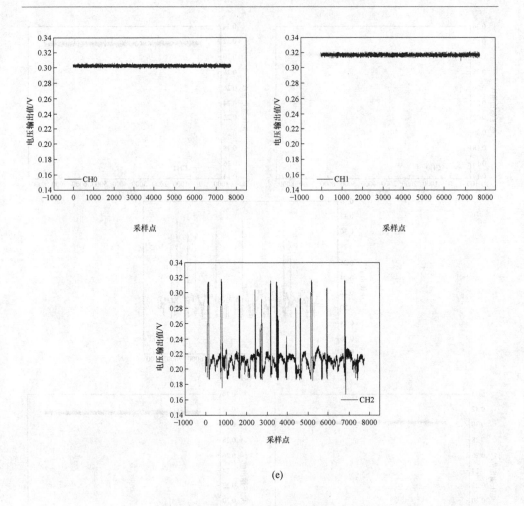

图 2-42　分层流各个通道时域图

(a) 气 0.6 液 0.05；(b) 气 0.6 液 0.1；(c) 气 0.6 液 0.2；(d) 气 0.54 液 0.05；(e) 气 0.51 液 0.2

从分层流均值图 2-43 上可以看出，3 个通道的电压值输出都相对稳定。本次实验选取的都是气体和液体流向相对较小的状态，所以在管道中呈现水多气少的状态，而且气液界面明显分开，并且较为平缓的移动，只是气流的不稳定性导致气体会在管道内部时宽时窄；CH0 和 CH1 在管道基本满管的状态下，所以电压值跟初始值没有太大的区别，CH2 通道处于气液分开界面的中间位置，气体在管道内部时宽时窄，所以会电压值出现波动较多。

2.3.2.5　环状流实验

根据工况设置，采集到环状流 5 组 3 个通道数据，如图 2-44 所示。

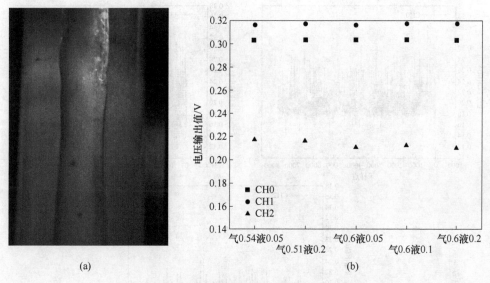

(a)

图 2-43 分层流的流型和 3 个通道电压的均值

（a）分层流的流型；（b）3 个通道电压的均值

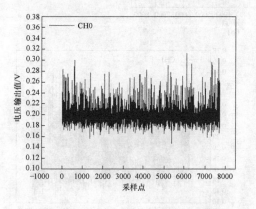

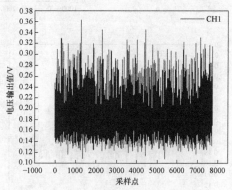

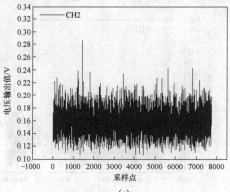

(a)

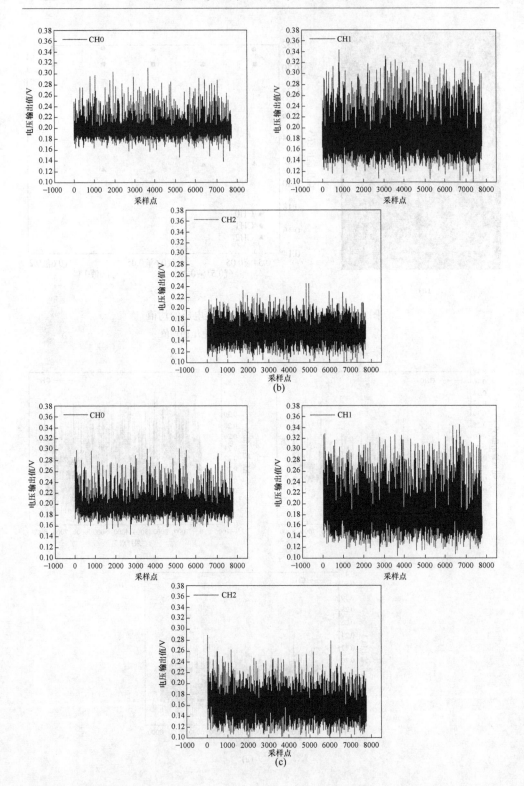

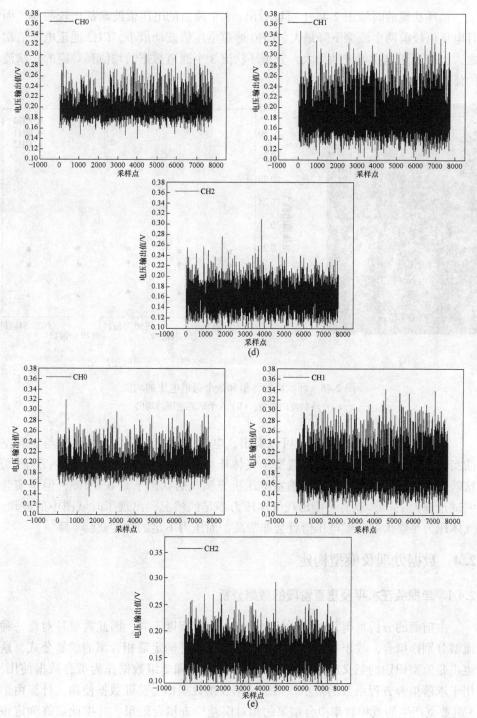

图 2-44 环状流各个通道时域图

(a) 气 26.54 液 11；(b) 气 29.83 液 11；(c) 气 56.76 液 11；(d) 气 57.71 液 11；(e) 气 60.41 液 11

从环状流的时域图 2-44 上可以看出，3 个通道的电压值波动都比较明显，而且电压值较前两个流型下降最大。CH0 通道电压值波动最小，CH2 通道电压值次之，CH1 通道电压值波动最大。分析环状流 3 个通道数据的均值和对应的环状流的流型，如图 2-45 所示。

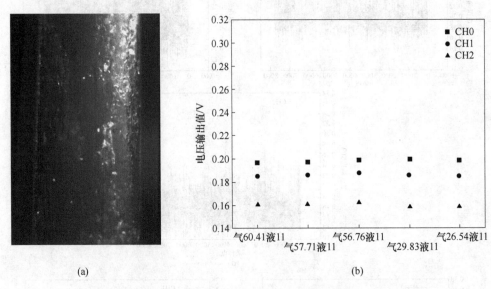

(a)   (b)

图 2-45 环状流的流型和 3 个通道电压的均值

(a) 环状流的流型；(b) 3 个通道电压的均值

从环状流的均值图 2-45 上可以看出，电压值的输出波动很大，这与实验室的实验条件分不开。因为环状流要求气体压力非常大，而把液体都甩到管壁上，这就要求气体压力非常大，实验室空压机充满气的状态下是 0.8MPa，但是实验测试过程为 1min，就有可能出现气体压力不足的情况，出现了时域图中的波动。气体压力足够大的时候电压值就会非常高，而压力不足的时候就会下降。

2.4 数据处理及模型构建

2.4.1 单探头在水平及垂直管段的数据分析

由前面的分析可得每种特征值对流型的敏感程度不同，因此需要针对每一种流型分别作拟合，找出和其相对应的敏感特征值并确定液相含率的求解公式，这也正是流型识别的意义所在。将实验获得的第 1 和 2 组数据作为拟合数据使用，用于求解拟合方程系数的最小二乘解；第 3 组数据作为验证数据使用，计算由第 3 组数据产生的液相含率拟合结果的相对误差检查拟合效果，并据此最终确定该流型下的拟合公式。

为了获得相含率与特征量之间的拟合关系，首先需要从众多的特征量中挑选合适的量来拟合相含率模型，尽量选用与相含率的关系为函数或者单调函数关系的特征量，去除分布较为集中的特征量。图 2-46 示出了第一组数据中垂直流向泡状流的方差和乳沫状流的均值分别与相含率的关系。

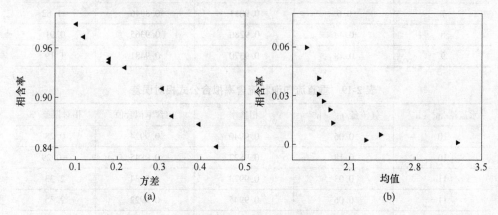

图 2-46 特征量选择图

（a）方差-垂直流向泡状流；（b）均值-垂直流向乳沫状流

从图 2-46（a）中可以看出，方差与相含率的关系分布较为均匀、分散，而图 2-46（b）中数据主要集中在均值小于 2.1 的区域，这样不利于相含率的拟合。

通过对水平流向泡状流和垂直流向泡状流的各特征值和液相含率之间关系的不断拟合，发现均值 $\bar{x}$ 和方差 s 能够较好地确定液相含率的值，因此在两种流向下的泡状流均采用均值和方差来拟合液相含率的求解公式。由拟合数据求解的公式见式（2-21）和式（2-22），其中式（2-21）是垂直流向下泡状流的相含率求解公式，式（2-22）是水平流向下泡状流的求解公式；由验证数据得出的相对误差见表 2-18 和表 2-19，其中表 2-18 是垂直流向泡状流的相对误差，表 2-19 是水平流向泡状流的相对误差；相含率对相对误差的拟合效果如图 2-47 所示，其中（a）为垂直流向泡状流误差，（b）为水平流向泡状流误差。

$$\beta_{\mathrm{w}} = 0.0025\bar{x} - 0.4371s + 1.0239 \tag{2-21}$$

$$\beta_{\mathrm{w}} = 0.0556\bar{x} - 0.0829s + 0.9348 \tag{2-22}$$

表 2-18 垂直流向泡状流含率拟合公式相对误差

水流量/m³·h⁻¹	气流量/m³·h⁻¹	相含率	相含率拟合值	相对误差/%
10	0.24	0.9711	0.9738	0.28
11	0.12	0.9874	0.9845	−0.29
4	0.48	0.8501	0.8699	2.33
4	0.6	0.8199	0.8392	2.35

水流量/m³·h⁻¹	气流量/m³·h⁻¹	相含率	相含率拟合值	相对误差/%
6	0.24	0.9558	0.9489	-0.73
6	0.6	0.8956	0.8666	-3.24
7	0.6	0.9011	0.8846	-1.82
8	0.48	0.9280	0.9365	0.91
9	0.48	0.9370	0.9481	1.19

表 2-19　垂直流向泡状流含率拟合公式相对误差

水流量/m³·h⁻¹	气流量/m³·h⁻¹	相含率	相含率拟合值	相对误差/%
10	0.06	0.9940	0.9924	0.28
10	0.18	0.9822	0.9845	-0.29
11	0.03	0.9973	0.9934	2.33
11	0.06	0.9945	0.9922	2.35
11	0.12	0.9890	0.9861	-0.73
11	0.18	0.9836	0.9801	-3.24
6	0.03	0.9951	0.9950	-1.82
8	0.03	0.9963	0.9958	0.91
8	0.06	0.9925	0.9931	1.19

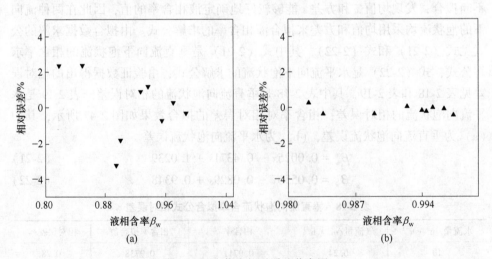

图 2-47　泡状流相对误差分布图

（a）垂直流向泡状流；（b）水平流向泡状流

从图 2-47 可以看出，垂直流向泡状流液相含率的拟合误差在 ±4% 以内，而水平流向包状流则达到了±1%以内，从而认为使用式（2-21）和式（2-22）在流型识别的基础上分别计算相应工况下的液相体积含率是可靠的。

对于垂直流向的环状流，由于方差 s 和频率重心 F_g 对该流型比较敏感，因此选用方差 s 和频率重心 F_g 作为拟合公式中的未知量；对于水平流向的环状流，均值 $\bar{x}$ 和频率重心 F_g 能够很好地反映相含率的变化，因此选用两者作为拟合公式中的未知量。由拟合数据组得到的公式见式（2-23）和式（2-24），两式分别为垂直流向和水平流向的环状流拟合公式，相应的由验证数据得到的相含率计算值和相对误差分别见表 2-20 和表 2-21，图 2-47（a）和（b）分别示出了垂直流向环状流和水平流向环状流的相对误差分布情况。

$$\beta_w = 0.7323s - 1.6777s^2 + 1.2012F_g - 10.6584\sqrt{F_g} + 23.6913 \quad (2\text{-}23)$$

$$\beta_w = -0.6273\bar{x} + 0.8551\bar{x}^4 + 18.2972\sqrt[4]{F_g} - 54.5570\sqrt[8]{F_g} + 41.0346$$

$$(2\text{-}24)$$

表 2-20　垂直流向环状流液相含率拟合误差表

水流量/m³·h⁻¹	气流量/m³·h⁻¹	相含率	相含率拟合值	相对误差/%
10	10	0.1587	0.1547	−2.51
10	25	0.1281	0.1660	29.57
8.5	10	0.1343	0.1309	−2.47
8.5	30	0.1084	0.1311	20.95
8	20	0.1244	0.1408	13.24
8	20	0.0991	0.1255	26.65
9	10	0.1501	0.1318	−12.21
9	10	0.1419	0.1553	9.47
9	25	0.1096	0.1290	17.70

表 2-21　水平流向环状流液相含率拟合误差表

水流量/m³·h⁻¹	气流量/m³·h⁻¹	相含率	相含率拟合值	相对误差/%
10	40	0.1414	0.1523	7.71
11	15	0.1606	0.1613	0.42
11	30	0.1575	0.1783	13.23
11	40	0.1575	0.1660	5.40
11	50	0.1590	0.1708	7.38
8	15	0.1127	0.1174	4.15
8	30	0.1101	0.1247	13.23
9	15	0.1276	0.1346	5.55
9	40	0.1241	0.1408	13.42

从图 2-48 中可以看出，两种流向下环状流的误差波动范围均超过了相应流向下的泡状流，垂直流向环状流达到了 ±30%，而水平流向环状流达到了 ±15%。

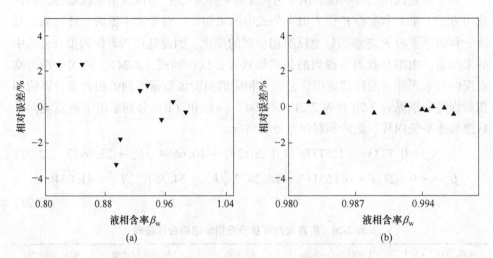

图 2-48　环状流相对误差分布图

（a）垂直流向泡状流；（b）水平流向泡状流

对于水平流向分层流，选取了均值 $\overline{x}$、方差 s 和峰值因子 C 3 个特征量；对于垂直流向弹状流选取了均值 x 作为特征量；对于垂直流向乳沫状流选取了峰值因子 C 和频率重心 F_g 两个特征量。由 3 种流型各自的拟合数据得到的拟合公式分别见式（2-25）~式（2-27），水平流向分层流、垂直流向弹状流、垂直流向分层流的液相含率拟合误差见表 2-22~表 2-24。

$$\beta_\mathrm{w} = -1.5456\overline{x} + 0.3019\overline{x}^2 + 0.5362s + 0.2798C^2 + 1.2340 \qquad (2\text{-}25)$$

$$\beta_\mathrm{w} = 31.4876\overline{x} - 82.4076\sqrt{x} + 54.0794 \qquad (2\text{-}26)$$

$$\beta_\mathrm{w} = -33.0443C + 16.0996C^2 - 0.0166F_\mathrm{g} + 17.2983 \qquad (2\text{-}27)$$

表 2-22　水平流向分层流液相含率拟合误差表

水流量/m³·h⁻¹	气流量/m³·h⁻¹	相含率	相含率拟合值	相对误差/%
0.05	0.6	0.0706	0.1613	128.55
0.1	0.6	0.1325	0.1412	6.58
0.2	0.51	0.2744	0.1472	−42.70
0.2	0.6	0.2336	0.1490	−36.24
0.5	5	0.0128	0.0347	169.89
1	5	0.0252	−0.0214	−185.01

表 2-23　垂直流向弹状流液相含率拟合误差表

水流量/m³·h⁻¹	气流量/m³·h⁻¹	相含率	相含率拟合值	相对误差/%
0.1	0.3	0.2200	0.3390	54.11
0.1	0.42	0.1651	0.3898	136.10
0.1	0.6	0.1282	0.1617	26.16
0.3	0.36	0.4329	0.3179	−26.55
0.3	0.6	0.3130	0.1643	−47.51
0.5	0.42	0.5231	0.4216	−19.41
0.75	0.42	0.6155	0.7290	18.43
1	0.3	0.7467	0.8172	9.44
1	0.42	0.6781	0.5578	−17.74

表 2-24　垂直流向乳沫状流液相含率拟合误差表

水流量/m³·h⁻¹	气流量/m³·h⁻¹	相含率	相含率拟合值	相对误差/%
0.1	15	0.0013	−0.0003	−121.14
0.1	5	0.0030	0.0014	−54.94
0.5	5	0.0141	0.0308	118.60
0.5	40	0.0064	0.0105	64.23
1.5	40	0.0219	0.0152	−30.71
1.5	5	0.0471	0.0509	8.05
1	5	0.0294	0.0440	49.91
2	15	0.0303	0.0294	−2.82
2	5	0.0572	0.0667	16.51

　　从图 2-49 可以看出，水平流向分层流液相含率相对误差在±200%，垂直流向的弹状流和乳沫状流分别达到了±150%。从相对误差的分布范围来看，这 3 种流型的拟合效果较差。

　　通过对图 2-49 相对误差分布范围的分析发现：水平管分层流在液相体积含率小于 0.1 时其相对误差较大；垂直管弹状流的相对误差较大点分布于液相含率为 0.25 左右，而垂直管弹状流的液相含率波动范围为 0.1282~0.7467；垂直管乳沫状流的液相含率误差较大的点出现在了液相含率 0.03 以下。因此，影响相对误差的因素有两点：（1）液相含率过小；（2）该流型下液相含率波动范围过宽。这两种因素使得在对应流型下很难通过一个拟合公式获得较好的拟合效果，其中液相含率过小使得公式的泛化能力降低，液相含率波动范围过宽使得公式的参数调整能力和泛化能力变差，很难在含率波动的整个范围内获得较好的效果[6]。

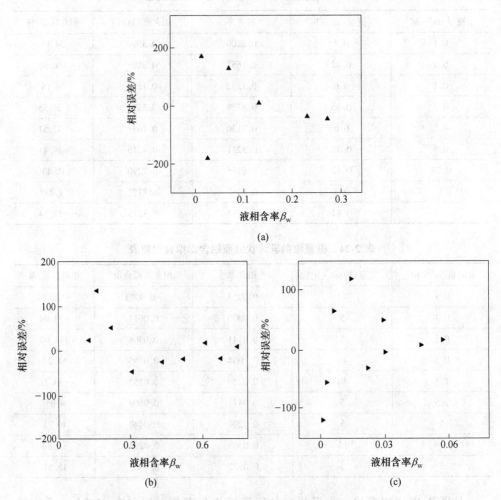

图 2-49　三种流型液相含率相对误差图
(a) 水平管分流；(b) 垂直管弹状流；(c) 垂直管乳沫状流

综上所述，通过计算各拟合公式的相对误差，可以看出不同的流型获得了不同的拟合精度：垂直流向泡状流液相含率拟合公式的相对误差为±4%，水平流向泡状流的为±1%，垂直流向环状流为±30%，水平流向环状流为±15%，而水平流向环状流为±200%，垂直流向弹状流和乳沫状流都为±150%。

2.4.2　多探头在水平管段实验的数据分析

2.4.2.1　泡状流相含率拟合

对泡状流的第 1 组数据 3 个通道的电压值分别按照公式求解相含率，然后对

3 个通道分别进行拟合，3 个通道的具体拟合公式为：

$$y = 10.15\ln x + 2.5 \tag{2-28}$$

$$y = 2.459\ln x + 1.340 \tag{2-29}$$

$$y = 0.160\ln x + 1.014 \tag{2-30}$$

对第 2 组数据按照拟合公式求解拟合相含率，然后与按照工况计算得出的实际相含率进行比较，拟合值与实际值的分布如图 2-50 所示，计算相对误差。

$$\sigma_i = \frac{x_i - a}{a} \times 100\% \tag{2-31}$$

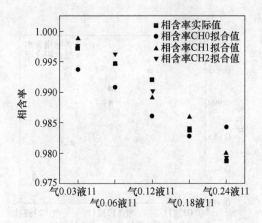

图 2-50　泡状流 3 个通道相含率实际值与估计值

从泡状流的实际值与拟合值相对误差图 2-51 中可以看出，CH0 通道的相对误差在 ±0.7% 以内，CH1 通道的相对误差在 ±0.3% 左右，CH2 通道的相对误差在 ±0.2% 以内。

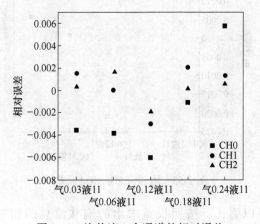

图 2-51　泡状流 3 个通道的相对误差

从图 2-51 中可以看出，每个通道的相对误差不同，对相含率推算的权重也是不同，这里给 CH2 通道的权重为 2，CH1 和 CH0 通道的权重分别为 1。对第 1 组数据求出泡状流 3 个通道的总的电压值与空管比值，然后算出泡状流的总的相含率拟合公式为：

$$y = 0.312\ln x + 1.036 \tag{2-32}$$

按照权重，计算第 2 组数据 3 个通道的总的电压值与空管比值，对第 2 组数据按照拟合公式（2-32）求解估计相含率，然后与按照工况计算得出的实际相含率进行比较，拟合值与实际值的分布如图 2-52 所示，计算相对误差如图 2-53 所示。

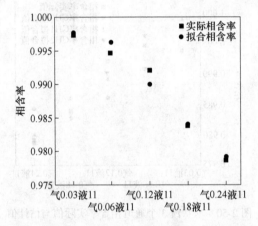

图 2-52　泡状流总的实际相含率与拟合相含率分布

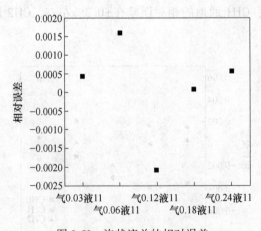

图 2-53　泡状流总的相对误差

从图 2-53 中可以看出，按照权重求出的泡状流总的相对误差最大不超过 ±0.25%。

2.4.2.2 分层流相含率拟合

对分层流的第一组数据 3 个通道的电压值分别按照公式（2-32）求解相含率，然后对 3 个通道分别进行拟合，3 个通道的具体拟合公式如下：

$$y = 82.17\ln x + 12.12 \tag{2-33}$$

$$y = 74.37\ln x + 9.913 \tag{2-34}$$

$$y = -2.18\ln x - 0.820 \tag{2-35}$$

对第 2 组数据按照拟合公式求解拟合相含率，然后与按照工况计算得出的实际相含率进行比较，估计值与真实值的分布如图 2-54 所示，相对误差如图 2-55 所示。

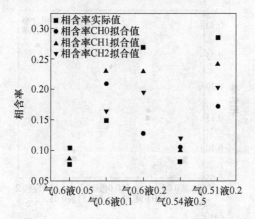

图 2-54　分层流 3 通道的相含率实际值与估计值

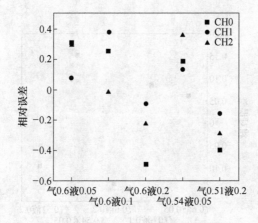

图 2-55　分层流 3 个通道的相对误差

从分层流的实际值与拟合值相对误差图 2-55 可以看出，CH0 通道的相对误差在±50%左右，CH1 和 CH2 通道的相对误差在±40%以内。

从图 2-55 可以看出，每个通道的相对误差不同，对相含率推算的权重也是不同，这里给 CH0 通道的权重为 1，CH1 和 CH2 通道的权重分别为 2。对第 1 组数据求出分层流 3 个通道的总的电压值与空管比值，然后算出分层流的综合相含率拟合公式为：

$$y = -6.32\ln x - 1.440 \tag{2-36}$$

按照权重，计算第 2 组数据 3 个通道的总的电压值与空管比值，对第 2 组数据按照拟合公式（2-36）求解拟合相含率，然后与按照工况计算得出的实际相含率进行比较，拟合值与实际值的分布如图 2-56 所示，计算的相对误差如图 2-57 所示。

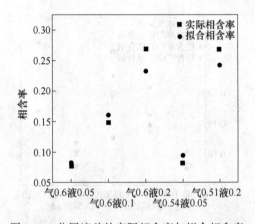

图 2-56　分层流总的实际相含率与拟合相含率

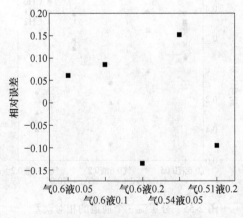

图 2-57　分层流总的相对误差

从图 2-57 可以看出，按照权重求出的分层流的相对误差最大不超过±18%。

2.4.2.3 环状流

对环状流的第 1 组数据 3 个通道的电压值求解相含率，然后对 3 个通道分别进行拟合，3 个通道的具体拟合公式为：

$$y = 1.782\ln x + 1.172 \tag{2-37}$$

$$y = 1.06\ln x + 0.853 \tag{2-38}$$

$$y = -1.09\ln x - 0.665 \tag{2-39}$$

对第 2 组数据按照拟合公式求解拟合相含率，然后与按照工况计算得出的实际相含率进行比较，拟合值与实际值的分布如图 2-58 所示，相对误差如图 2-59 所示。

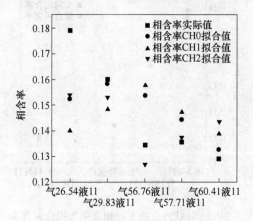

图 2-58 环状流 3 个通道的相含率实际值与估计值

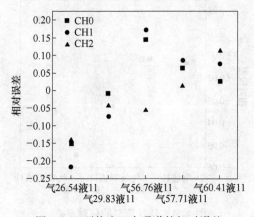

图 2-59 环状流 3 个通道的相对误差

从环状流的实际值与拟合值相对误差图 2-59 可以看出，CH0 和 CH2 通道的相对误差在±15% 以内，CH1 通道的相对误差在±25% 以内。

从图 2-59 可以看出，每个通道的相对误差不同，对相含率推算的权重也是不同，这里给 CH0 和 CH2 通道的权重分别为 2，CH1 通道的权重为 1。对第 1 组数据求出环状流 3 个通道的总的电压值与空管比值，然后算出环状流的综合相含率拟合公式为：

$$y = -0.03\ln x + 0.178 \tag{2-40}$$

按照权重，计算第 2 组数据 3 个通道的总的电压值与空管比值，对第 2 组数据按照拟合公式（2-40）求解拟合相含率，然后与按照工况计算得出的实际相含率进行比较，拟合值与实际值的分布如图 2-60 所示，计算的相对误差如图 2-61 所示。

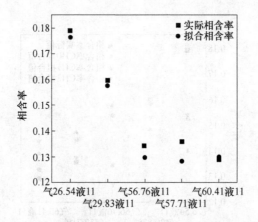

图 2-60　环状流总的实际相含率与拟合相含率

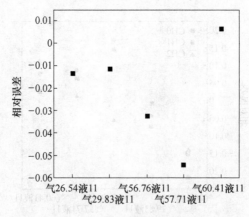

图 2-61　环状流总的相对误差

从图 2-61 可以看出，按照权重求出的环状流的相对误差最大不超过 6%。

综合上述 3 种流型，按照权重求出的拟合相含率与实际值更接近，相对误差也更小。同时，也说明了管道内的流体越均匀，拟合的曲线越好，相对误差越小。

参 考 文 献

[1] 卢庆华. 基于红外光谱吸收特性的气液两相流相含率检测装置的研究 [D]. 保定：河北大学，2013.

[2] 梁玉娇. 基于近红外吸收特性的气液两相含率检测方法研究 [D]. 保定：河北大学，2014.

[3] 方立德，赵宁，孔祥杰，等. 一种测量管道内气液两相流的截面相含率的装置及方法 [P]. 中国：CN103558179A，2014-02-05.

[4] 方立德，温梓彤，李明明，等. 一种测量气液两相流流量的装置及方法 [P]. 中国：CN105910663A，2016-08-31.

[5] 高静哲. 基于四组近红外探测装置的气液两相流相含率检测技术研究 [D]. 保定：河北大学，2015.

[6] 李小亭，张琛，方立德，等. 基于 PLC 的小型高精度多相流实验装置测控系统设计 [J]. 电子测量与仪器学报，2014，28(6)：607~674.

3 轴向探测气液两相流近红外光谱吸收特性研究

3.1 测量装置设计

3.1.1 气液两相流相含率检测装置的设计

李婷婷[1]、李明明[2]等人应用近红外探头检测气液两相流的研究说明利用近红外技术检测气液两相流是非常可行的。但由于在利用现有装置对气液两相流进行检测时，其选取的近红外探头装置的安装方式为在 DN50 管壁的外周沿流体流动的切向方向安装近红外探头进行测量，如图 3-1 所示。在实验中除了外界光路的影响，由于气液两相在管道内气泡、液滴等分布的不规律性和复杂性，导致发射探头发出的近红外光线经过管道内的反射、折射等光学效应后，与其所对应的接收探头不能完全接收到衰减后的光强信号，如图 3-2 所示[3]。同时其他光路的发射探头发出的光线经过复杂的光学效应后，也有可能被其吸收，造成数据冗余的现象，从而给数据分析增加了难度，对分析结果的准确度造成一定的影响。

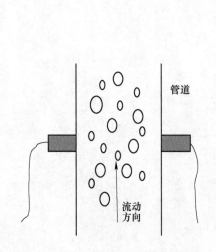

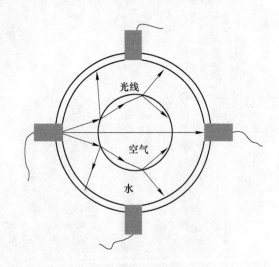

图 3-1 原有装置探头安装方式　　图 3-2 探头发射的光线在管内产生的光学现象

针对这一问题，提出沿流体流动方向安装近红外探头，通过探头相近的传输方式，保证发射探头所发出的光线从入口方向进入后，在管道内无论如何反射、折射，都可以有对应的接收探头接收，以排除其他光路对测量结果造成的影响，已达到简化分析过程、测量更加准确的目的。根据这一设计思路，利用 CFD 软件中的 Fluent 软件，对设计出的模型结构进行仿真分析，实现这一测量目的的结构设计。

在理论分析的基础上通过计算机仿真可以获得研究对象的定性指标，优化实验设计方案。利用 CFD 仿真模拟典型的气液两相流流动，为实验装置的优化设计提供参考，并为建立测量模型提供支持。

首先，根据气液两相流动理论、近红外光谱吸收理论、红外光纤传感技术，提出新型两相流检测装置的初步设计。

其次，利用 CFD 仿真软件模拟装置内气液两相流不同的流动状态，得到装置内部的速度矢量图和压力云图等数据，通过比对分析，进而优化装置结构（见图 3-3）。

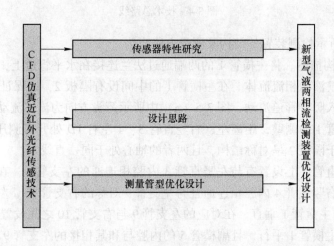

图 3-3　检测装置设计路线

最后，利用高精度气液两相流模拟实验系统对检测装置进行实验，若检测装置结构问题，则回到检测装置优化环节，进一步优化设计；若符合实验要求，则工作结束，获得研究结果，如图 3-4 所示。

新型气液两相流相含率检测装置改变原有探头切向放置测量的方式，改为沿流体流动方向进行安装测量。通过探头相近的传输方式，保证发射探头所发出的光线从入口方向进入后，在管道内无论如何反射、折射，都可以被对应的接收探头接收，从而达到更加准确测量的目的。同时为了适应在水平管道和竖直管道不同的流型测量要求，设计了如图 3-5 和图 3-6 所示两种不同的结构。

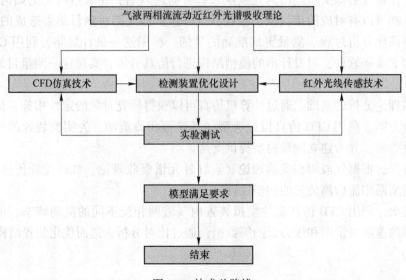

图 3-4   技术总路线

图 3-5 所示检测装置的结构及测量方法[4]为：

（1）结构描述。将主横管 1 的两端通过法兰连接在水平管道上，水平管道内流的是待测气液两相流流体。在主横管 1 的中间设有隔板 2，以保证流体按照预定的方向进入竖直管道流动，图 3-5（a）中所示箭头方向为流体流动方向。

在主横管 1 的侧壁，距离左、右竖直管 3、4 左右 1D 处开有测压孔 8，两个测压孔 8 关于隔板 2 呈对称结构，且两者的轴心处于同一直线上。

在左竖直管 3 上设置有与左竖直管 3 内腔相连通的左支管 9，在右竖直管 4 上设置有与右竖直管 4 内腔相连通且与左支管 9 对称的右支管 10。左支管 9 和右支管 10 均与主横管 1 垂直。在对应的左支管 9 与右支管 10 之间设置有副横管 5，副横管 5 与主横管 1 平行，且副横管 5 的内腔与和其相接的左支管 9 和右支管 10 的内腔均相通。水平管道、主横管 1、左竖直管 3 和右竖直管 4 的内径均相同（均为 DN50），左支管 9、右支管 10 和副横管 5 的内径均相同。

图 3-5（a）中箭头所指方向为流体流动方向：左侧水平管道内的流体首先由主横管 1 的左端进入主横管 1 的左侧内腔中，再依次经左竖直管 3、左支管 9、副横管 5、右支管 10、右竖直管 4，然后进入主横管 1 的右侧内腔中，再由主横管 1 的右端流入右侧水平管道内。

（2）测量方法。

1）通过主横管 1 上的两个测压孔 8 连接差压变送器，测量流体在主横管 1 左右两侧腔体内的压力差信号；同时由数据采集单元采集流体在主横管 1 左右两侧腔体内的压力差信号并发送至数据处理单元。

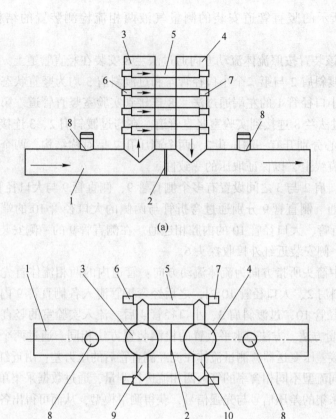

图 3-5　水平方向安装的装置结构图

（a）正视图；（b）俯视图

1—主横管；2—隔板；3—左竖直管；4—右竖直管；5—副横管；

6—近红外发射探头；7—近红外接收探头；8—测压孔；9—左支管；10—右支管

2）在副横管 5 的左端安装近红外发射探头 6，在副横管 5 的右端安装近红外接收探头 7。由驱动模块驱动近红外发射探头 6 发射近红外光，经过副横管内的流体吸收后的光强信号被近红外接收探头 7 所接收；同时由数据采集单元采集经流体吸收后的近红外光的光强信号并发送至数据处理单元。

3）数据处理单元根据接收到的流体在主横管 1 内左右两端的压力差信号计算水平管道内流体的总流量。近红外光透过不同比例的两相流，近红外接收探头所接收到的近红外光的光强不同。数据处理单元根据接收到的近红外光的光强信号计算水平管道内各相的相含率。基于流体总流量和相含率，即可得出各相的流量。

图 3-6 所示的竖直管道安装的测量气液两相流检测装置的结构及测量方法[5]为：

（1）将该装置按照流体流动方向通过法兰 8 安装在竖直管道上。第一个小口径管 1 和过渡斜肩 2 与第二个小口径管 4 和过渡斜肩 3 均为竖直状态，且呈对称结构。第一小口径管 1 的左端通过法兰 8 连接到实验室竖直管道。第二小口径管 4 的右端通过法兰 8 连接到实验室竖直管道。在与过渡斜肩 2、3 连接的大口径管 10 的侧壁中心分别开有一测压孔 7，两个测压孔 7 呈对称结构，两个测压孔 7 的轴心在同一直线上，以保证取压的一致性。

在过渡斜肩 2 与 3 之间设置有多个侧直管 9，侧直管 9 与大口径管 10 的四周边缘部位连通。侧直管 9 分别通过弯折管与两侧的大口径管 10 的端面相接，侧直管 9、弯折管、大口径管 10 的内腔相连通。在侧直管 9 的一侧安装近红外发射探头 5，另一侧安装近红外接收探头 6。

图 3-6 中箭头所指方向为流体流动方向：管道内的两相流体首先流入小口径管 1、过渡斜肩 2、大口径管 10 内，之后经弯折管流入各侧直管 9 内，再经弯折管流入大口径管 10、过渡斜肩 3、小口径管 4 后，流入实验室的竖直管道内。

（2）测量方法。方法与水平放置的检测装置方法相同。通过两个变径管上的测压孔 7 连接差压变送器，测量流体在流经侧直管后的压力差；由近红外探头对侧直管 9 内不同流型不同相含率的气液两相流进行测量，通过数据采集单元获取光强信号；结合采集的差压信号与光强信号，获得测量模型，从而可得出各相的流量。

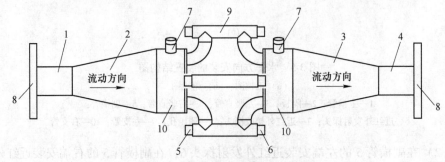

图 3-6　竖直方向安装的装置结构图

1，4—小口径管；2，3—过渡斜肩；5—近红外发射探头；
6—近红外接收探头；7—测压孔；8—法兰；9—侧直管；10—大口径管

3.1.2　轴向气液两相流相含率检测装置设计

在李明明相含率测量装置的基础上增加流量测量装置，利用差压原理与近红外吸收光谱技术同时实现流量与相含率的实时在线测量。轴向安装的近红外系统气液两相流量测量系统框图，如图 3-7 所示。

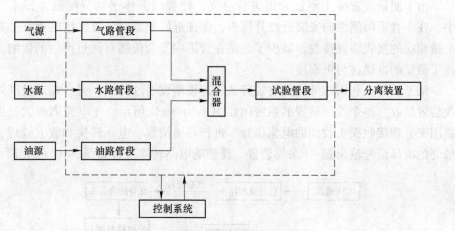

图 3-7 气液两相流测量系统框图

本装置结构包括测量前端、扩张段、平稳段、细管段、平稳段、收缩段以及测量末端及在管径变化位置处的 4 个取压孔，结构示意图如图 3-8 和图 3-9 所示。

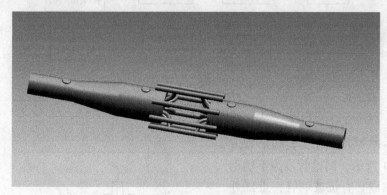

图 3-8 装置结构图

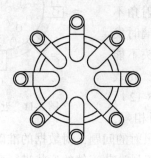

图 3-9 装置结构侧视图

　　由于测量装置将主测量管道进行分支，使被测流体平均分配到 8 根小管道中，在小管道两侧轴向安装近红外探头，保证近红外发射装置发出的近红外光完全被相应的接收装置接收，减少了光路在管道中复杂传播对测量产生的影响，提高了测量的准确性与可靠度。

　　梁玉娇等人利用红外线发射装置从管道顶端发射红外线，另一端通过红外接收装置接收。整个检测装置的系统图如图 3-10（a）所示。光电检测放大处理电路用来处理接收探头收到的电流信号，进行环境清零、电压转换和放大处理，将最终的电压信号输出到 NI 采集装置。详细的电路转换流程如图 3-10（b）所示。

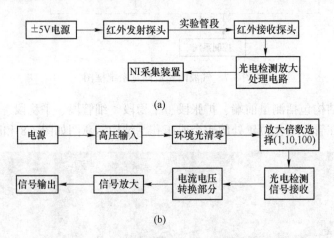

(a)

(b)

图 3-10　实验装置系统（a）及电路处理部分（b）

　　王少冲等人原有实验圆形管道如图 3-11 所示，测量管段为不锈钢管，道内嵌套有机玻璃管，近红外探头垂直安装在测量管段上，此类近红外检测探头发射的近红外光，在通过不同介质时产生的折射角不一致，也会在接触到圆形玻璃时发生折射，导致近红外接收探头不能完全接收衰减后的近红外光，光线在管内发生的光学现象如图 3-12 所示。原有的探头布置是两两相隔，

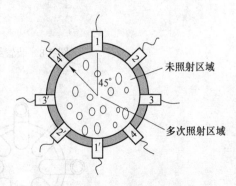

图 3-11　近红外探头安装示意图

存在探头之间的流体没有被照射的问题，对数据的准确性造成一定影响。

　　对矩形主管道 5 按矩形流量计节流件的形状进行弯折加工，选择两面对称弯折，得到收缩段 2 与扩张段 6，最终得到一个正视图类似文丘里管的节流式差压流量计如图 3-13 所示。节流件为两个梯形，喉部板间距、收缩角和扩张角需要由仿真确定。

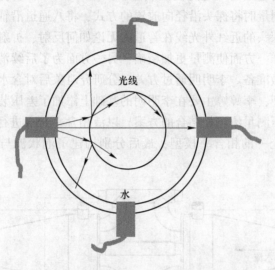

图 3-12 探头发射的光线在管内的光学现象

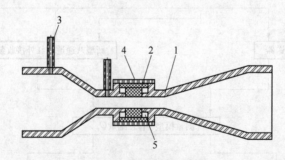

图 3-13 检测装置结构图

1—矩形主管道；2—有机玻璃视窗；3—取压管；4—不锈钢支撑板；5—橡胶垫圈

李婷婷等人将主横管的两端通过法兰连接在水平管道上，水平管道内流动的是待测气液两相流体。在主横管的中间设有隔板，以保证流体按照预定的方向进入竖直管道流动。在左竖直管上设置有与左竖直管内腔相连通的左支管，在右竖直管上设置有与右竖直管内腔相连通且与左支管对称的右支管。左支管和右支管均与主横管垂直。在对应的左支管与右支管之间设置有副横管，副横管与主横管平行，且副横管的内腔与和其相接的左支管和右支管的内腔均相通。水平管道、主横管、左竖直管和右竖直管的内径均相同，左支管、右支管和副横管的内径均相同，如图 3-5 所示。

3.1.3　竖直管八通道气液两相流相含率检测装置的设计

　　李明明主要搭建轴向八通道测量装置，如图 3-14 所示该装置设计的优点在于不同于大多数测量时将探头沿径向放置的方式，将八通道沿轴向均匀布置，保证在测量时发射探头的近红外光线在管道内无论如何反射、折射都可以被对应接收探头接收，这样一方面使测量更加精确，另一方面为了后续消除流型，建立多流型的统一模型做准备。李明明通过方差区分研究对象后对含水率不同的流型分别构建相含率模型，李婷婷主要在李明明的基础上添加了差压装置，提出近红外测量相含率与差压测量流量相结合的方案，以液相含率85%进行区分，拟合了泡状流与弹状流的统一的相含率模型，最后分别构建了泡状流与弹状流的总流量模型。

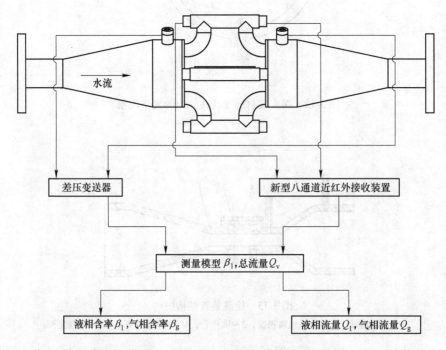

图 3-14　近红外气液两相流量测量系统

　　使用新型八通道近红外收发装置，从数据分析与模型优化、流型拓展等角度继续深入分析。主要针对泡状流、弹状流、环状流三种流型进行分析。相较于前两者的研究扩大了测试范围，对数据更加细化分析，通过提取特征参数的方式进行分析建模，最终构建关于泡状流、弹状流、环状流三个流型的统一的相含率与流量模型，同时减小了测量误差。

　　本实验采用新型八通道数近红外收发系统，将采集到的红外信号与差压变送器采集到的差压信号相结合。测量装置管道上的测压孔连接差压变送器，八路侧直管连接新型近红外收发装置，通过得到的相含率信息与流量信息进行组合测量。根据多通道数据采集系统得到的流量、温度及压力信息，结合理论分析，最终得到所需相含率模型及流量模型。在实验过程中，测量装置将主管道内的多相流或单相流分成 8 个分支，并流入周围的 8 个小通道，使用新型八通道近红外收发控制系统采集相应的红外信号。

3.2 传感器及检测电路系统设计

3.2.1 近红外传感器测量系统构成

如图 3-15 所示，整个测量系统由近红外传感器、信号采集模块、数据采集模块等构成。

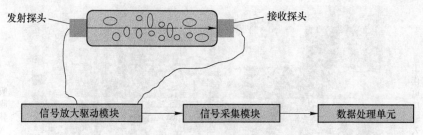

图 3-15 近红外传感器测量系统示意图

根据实验室前期开展的实验，对于气液两相吸收波段的研究，发现水在970nm 处对红外线有较强的吸收，因此本研究采用了 970nm 近红外发射、接收探头。为了配合实际测量装置的使用，在近红外发射和接收探测器外加工嵌套直径为 12.5mm 的保护套。在使用中，在探测器表面缠有绝缘胶带，以防与实验器材、支架等短接，从而发生短路等意外，影响器件的使用，近红外探头实物如图3-16 所示。同时为了保护探头引脚以及更好地将探头安装在实验装置的测量小管道上，在实验中使用如图 3-17 所示的方法进行保护和固定[6]。

由于改变了原有的探头安装方式，探头发出的红外光线所透过水层的最大厚度由原来的 57mm 增加到 130mm，光程增加近 3 倍左右。为保证输出信号的有效采集，需要配置信号放大电路模块，选用的信号采集模块如图 3-18 所示。

该信号采集模块除了具有放大信号的功能外，同时还具有驱动近红外发射和接收探头工作的功能。图 3-19 中示出了实际使用中的信号采集板与工作电源、探头的连接情况，因为实验需要 8 路探头同时工作，为了方便使用以及安全方面的考虑，对信号采集模块进行了简单的封装：将每 4 路采集模块封装在一个盒子里，同时增加一个电源转接头，以实现同时供电的使用要求[7,8]。

图 3-16　近红外探头实物　　　　　　　图 3-17　探头固定方式

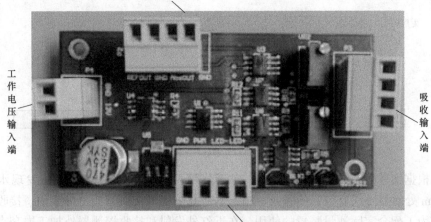

图 3-18　信号采集模块

图 3-19　信号采集模块安装图

3.2.2 近红外光强信号采集、储存系统

近红外光强信号被转换电路转换为电压信号，因此近红外信号转变为电压值进行采集。轴向安装的近红外系统气液两相流测量系统中包含 8 路近红外发射装置（见图 3-20）及 8 路近红外接收装置（见图 3-21），由此要求采集装置至少有 8 组通道。同时考虑到方便性，基于上述条件选择 USB-1616HS 高速计算机数据采集卡并配以开发的软件完成采集工作（见图 3-22）。该数据采集卡有 16 个单端或 8 个差分模拟输入，采样频率高达 1MHz/s，24 路数字 I/O，4 个计数器，本实验采用单端模拟输入。

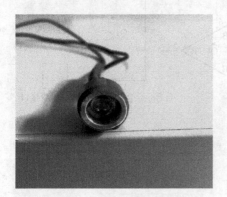

图 3-20　近红外发射装置

图 3-21　近红外接收装置

图 3-22　USB-1616HS 数据采集卡及其附件

实验准备时，将数据采集卡与近红外装置连接好，进行测试。测试无误后，打开 Tracer DAQ 配套软件选择相应测量通道；待所测工况达到稳定状态后，一般稳定时间为 1min，点击启动进行采集。待实验结束后将采集到的电压值储存到 Excel 表格中，并以工况点命名。储存完毕后，开始进行下一工况点的采集、储存，为后续数据处理提供数据依据。

3.2.3 检测电路设计

新型八通道近红外收发控制系统主要分为隔离电路调试模块，发射电路模块与接收电路模块，光电转换模块，电压放大模块。部分电路图如图 3-23 所示，其中隔离电路调试模块用来实现灵敏度与输出幅值的调试，通过电源开关后，并联一个滤波电容，保证外供电源的平稳，控制装置结构图如图 3-24 所示。

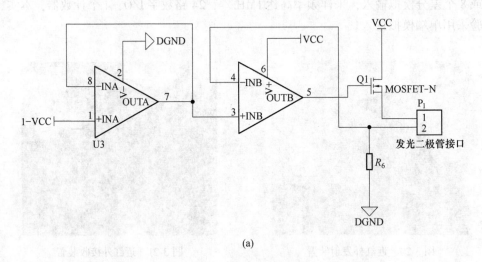

(a)

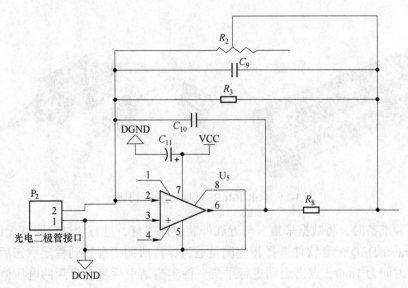

(b)

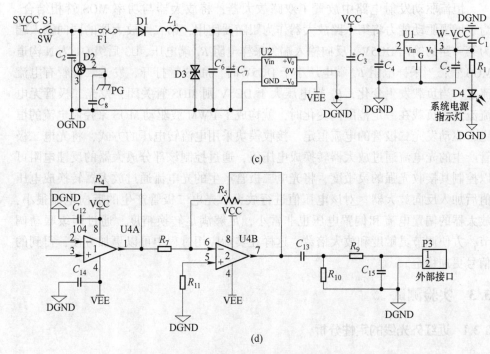

(c)

(d)

图 3-23　新型八通道近红外收发控制装置部分电路图
(a) 发射电路模块；(b) 接收电路模块；(c) 隔离电源调理模块；(d) 电压放大模块

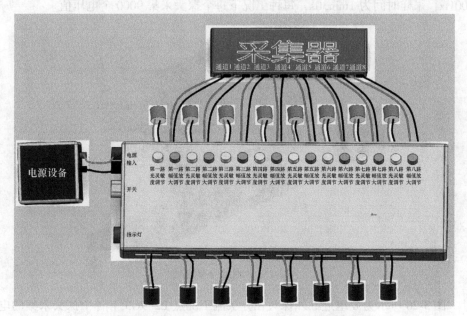

图 3-24　新型八通道近红外收发控制装置结构图

恒流驱动发射电路中放置了双路放大器，将放大器与功率 MOS 管相结合。为了增强驱动能力将第一路放大器作为跟随器使用，第二路放大器的同向输入端为第一路的输出 DC5V，反向输入端为采样电阻 R_6 端电压，U3 后级 Q1 为 N 沟道 MOS 管；当采样电阻 R_6 端电压小于 DC5V 时，MOS 管打开，发光二极管有电流流过；当负载发生变化，R_6 端电压大于 DC5V 则 MOS 管关闭，发光二极管无电流流过。负载在一定范围内变化时，就构成了 PWM 波驱动 MOS 来控制电流的恒定，驱动发光二极管的电流恒定。接收模块采用电流转电压的方式，将光电二极管产生的光电流通过放大器转换成电压值，通过控制该部分放大器的反馈电阻可以控制其接收光强的灵敏度，将光电二极管产生的光电流通过放大器转换成电压值后加入反向放大器，对该电压值进行放大。光电二极管产生的反向电流很小，放大器的偏置电流和偏置电压也非常小，足够满足转换精度。通过两级联动调节，方便调节灵敏度和放大倍数，这样在实际应用过程中可以更加方便，得到的信号更加稳定。

3.3　实验测试

3.3.1　近红外光线的定性分析

以水平安装的气液两相流检测装置为例说明 8 个通道的分布情况，如图 3-25 所示。在副横管的两端沿流体流动方向安装近红外探头。设置采样频率为 100Hz，采样时间为 1min30s，每种工况下每个探头采集 9000 个电压值。

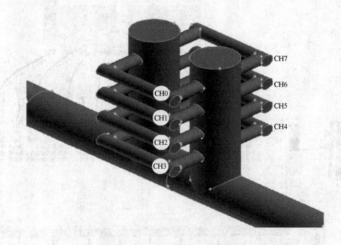

图 3-25　8 通道分布情况

图 3-26 所示为 8 组近红外探头在分层流工况点 L2.9G3 下各个探头采集的电压信号进行平均滤波处理得到的信号波形图。

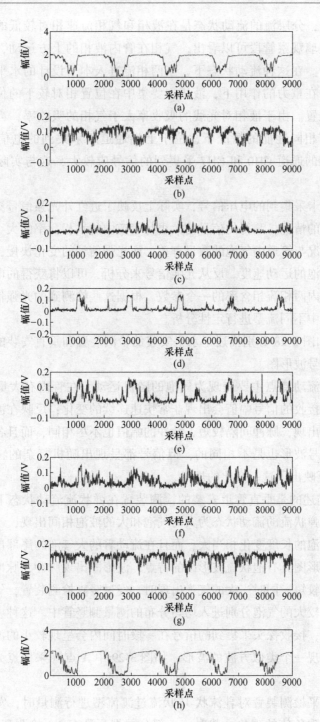

图 3-26 L2.9G3 工况下各通道测量信号波形

(a) CH0;(b) CH1;(c) CH2;(d) CH3;(e) CH4;(f) CH5;(g) CH6;(h) CH7

　　从理论上，分层流的流动状态是在液相和气相流速相对较低的一种流动状态。在水平玻璃观察管段可以看出，气相在管内液相的上方运动，两相之间的界面非常平滑。在这种流动状态下，当两相流进入本书设计的水平管道安装的检测装置中，在重力的作用下，液相主要集中在位置相对较下的位置，气相集中在上端的位置。由于液相对光线的吸收率大于气相的吸收率，当认为所有近红外探头具有相同性能的情况下，位于上端通道所采集到的电信号相对比较大，位于上端的通道 CH0 和 CH7 采集到的信号应较大，这与实际采集到的信号情况相同。

　　数据采样卡采集到的电压信号，实际上反映了近红外光强信号穿过流体的入射光强度衰减的情况，测得的信号的大小与管道内的水相含率的大小有关。光强信号的衰减情况与管道内气泡的数目有关，而光强信号的变化快慢，取决于在该流通区域内气泡的运动速度。反从光强信号来分析，可以将获得的电压信号的变化作为测量管内两相流相含率的一个参数。根据这些检测到的光强信号，可对水平管和垂直管中不同流型进行定性分析。

　　图 3-27 和图 3-28 分别描述了水平安装的检测装置和垂直安装的测量装置检测泡状流的信号波形图。

　　泡状流的流动特点主要表现为气泡的随机运动，在管内有大量的气泡出现时，接收探头接收的信号幅值会出现非常快速连续的变化；反映在波形图上则是有大量的脉冲出现，脉冲间隔较短，脉冲的幅值也不尽相同，而且各个采样通道测得的电压信号波形也是不相同的，但信号都呈现出随机复杂的特点，图 3-27 和图 3-28 都反映出了这一变化的规律。

　　图 3-29 描述的是垂直管道安装的检测装置在弹状流流动状态下检测的测量信号波形图。弹状流的流动状态为大的气泡和大的液泡相间出现，气泡和壁面被液膜隔开，气泡的长度变化相当大，而且在流动着的大气泡的尾部出现很多小气泡，因此其波形图具有泡状流波形图的特点；波形图出现脉冲，脉冲幅值不尽相同，脉冲间隔较短。同时当大的气弹出现时，经过竖直检测装置，气弹形态遭到破坏，形成比较大的气泡分别进入均匀分布的测量侧竖管中。这种大的气泡经过测量小管道时，接收探头采集到的信号在一段时间内会呈现较小的波动，体现在波形图里会出现一个类似方波的波形，如图 3-29 中 A 点（采样点为 2700 ~ 4000 范围处）。

　　当利用水平检测装置对乳沫状-环状流过渡流型进行测量时，发现采集到的电压信号会出现负值的现象。截取一小部分数据，见表 3-1 检测到信号非常小，且出现负数。

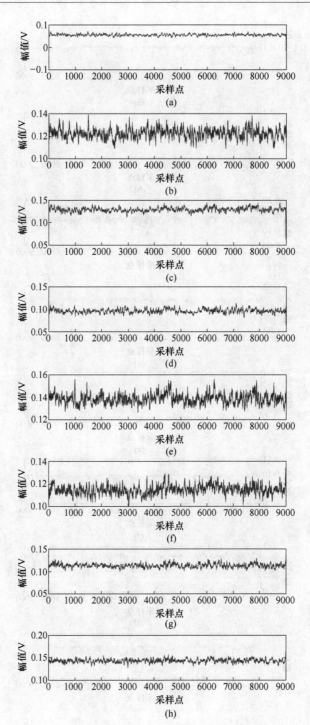

图 3-27　水平管泡状流 L4.8G0.5 各通道测量信号波形

（a）CH0；（b）CH1；（c）CH2；（d）CH3；（e）CH4；（f）CH5；（g）CH6；（h）CH7

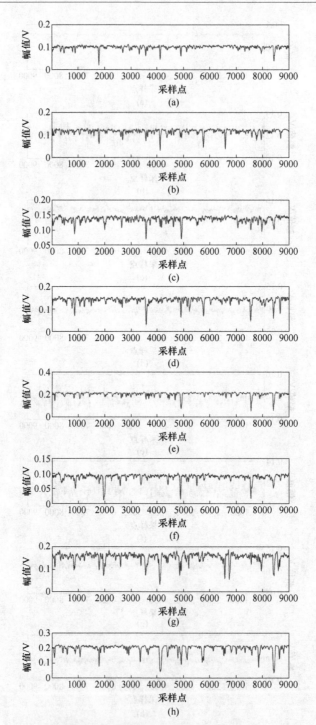

图 3-28　垂直泡状流 L6.15G0.25 各通道测量信号波形

（a）CH0；（b）CH1；（c）CH2；（d）CH3；（e）CH4；（f）CH5；（g）CH6；（h）CH7

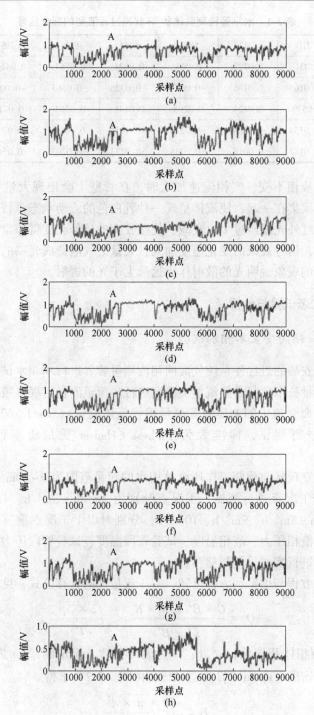

图 3-29 垂直管弹状流 L1.24G0.25 各通道测量信号波形
（a）CH0；（b）CH1；（c）CH2；（d）CH3；（e）CH4；（f）CH5；（g）CH6；（h）CH7

表 3-1　水平管检测乳沫状-环状流过渡流型的部分信号

CH0	CH1	CH2	CH3	CH4	CH5	CH6	CH7
−0.0548	0.031	0.0722	0.049	0.0621	0.0664	0.0414	0.0633
−0.0035	−0.0163	0.0136	−0.0053	−0.0026	−0.0563	−0.009	0.0261
0.0117	0.0539	0.0124	0.0298	0.0148	0.0264	0.031	0.0267
−0.0056	−0.0154	−0.0154	−0.0273	−0.0154	0.0011	−0.0392	−0.0212
−0.0014	−0.0182	0.0014	−0.0035	−0.0423	−0.0203	−0.0566	−0.0154

这是由于液相不变、气相流速加大时，在管壁上会出现大量气泡聚集的现象，这些气泡聚集在一起，使流体呈现一种乳白色的流动状态，较大地影响了光的透射率。近红外光线经过多次衰减，使接收到的信号会变得非常微弱。同时管道内流速较大，信号衰减的变化速度加大，大量的气泡造成光路的复杂的散射过程，出现负值的现象说明光的散射作用远远大于光的透射。

3.3.2　液相动态试验与分析

3.3.2.1　轴向安装单相水试验

利用轴向安装的近红外系统气液两相流测量装置进行单相水试验，该项试验在河北大学质量技术监督学院流量实验室进行。流量测量过程参照国家标准《用安装在圆形截面管道中的差压装置测量满管流体流量》（GB/T 2624—2006），采用标准表法进行测试，标准表为 Endress + Hauser 质量流量计，测量精度为 0.15%。

结合实验室现状与预期工作环境单相水的测量范围为 0～10m³/h，在测量范围内选取 9 个工况点进行测试，工况点分别为 2m³/h、3m³/h、4m³/h、5m³/h、6m³/h、7m³/h、8m³/h、9m³/h、10m³/h，分别对以上工况点重复试验三次。在试验过程中对液相压力、液相温度、试验管段温度、试验管段压力、差压值以及近红外电信号进行实时采集与储存。

根据连续方程与伯努利方程可知，差压流量计的计算公式，见式（3-1）。

$$Q_1 = \frac{C \times \beta^2 \times \pi \times R^2}{\sqrt{1-\beta^4}} \times \sqrt{\frac{2 \times \Delta p}{\rho}} \tag{3-1}$$

式中，Q_1 为液相体积流量，m³/h；C 为流出系数，无量纲；Δp 为差压，Pa；ρ 为节流件上游密度，kg/m³；β 为直径比，由式（3-2）求得。

$$\beta = \sqrt{\frac{8 \times \pi \times d^2}{\pi \times D^2}} \tag{3-2}$$

式中，d 为小管段处直径，m；D 为测量管到入口处的直径，m。

$$\Delta p = p_1 - p_2 \tag{3-3}$$

式中，p_1 为第一取压口压力，Pa；p_2 为第二取压口压力，Pa。

在单相水的三次重复性试验数据中，理论流量与实际流量的关系，如图 3-30 所示。

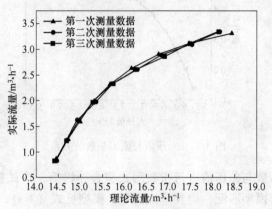

图 3-30 理论流量与实际流量的关系

由图 3-30 可以看到，轴向管道安装的近红外系统气液两相流测量装置中的流出系数 C 并不是一个固定值，因此为了得到准确的实际流量值，需要对流出系数 C 进行拟合。

在单相流试验过程中由于变量参数较少，因此对流出系数与各个变量之间的变化趋势进行观察。以第一次测量数据为例，发现流出系数与差压呈指数变化，变化趋势如图 3-31～图 3-33 所示。后续对另外两次试验数据进行观察，发现与第一次数据具有相同的变化趋势，从而验证了模型的重复性与可靠性。

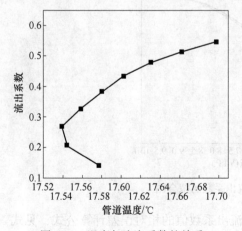

图 3-31 温度与流出系数的关系

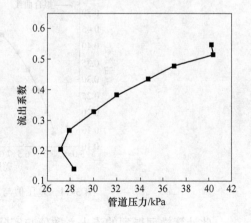

图 3-32 压力与流出系数的关系

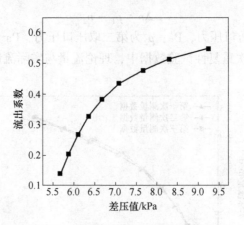

图 3-33   差压值与流出系数的关系

因此对流出系数与差压值进行指数形式拟合，将第一次试验数据代入 Origin 计算软件中，进行模型匹配，得到基础模型，模型见式（3-4）。

$$C = M \times e^{\frac{\Delta p}{Y}} + N \tag{3-4}$$

式中，C 为流出系数，无量纲；Δp 为差压，kPa；M，Y，N 为常数，无量纲。

基于基础模型对数据进行迭代分析、数据拟合，得到式（3-4）中各系数值，最终确定数学模型，相关系数达到 0.99543，拟合效果较好。拟合效果图如图 3-34 所示。计算模型公式见式（3-5）。

$$C = -56.276 \times e^{\frac{\Delta p}{1.158}} + 0.559 \tag{3-5}$$

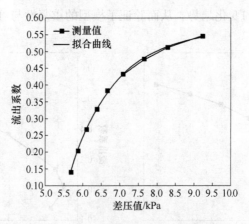

图 3-34   差压值与流出系数的拟合图

此计算模型得到的流出系数值与实际流出系数值的相对误差计算公式，见式（3-6）。

$$\sigma_i = \frac{x_i - a}{a} \times 100\% \qquad (3-6)$$

式中，x_i 为计算值；a 为实际值。

将试验数据均代入计算模型中得到相对误差，相对误差分布如图 3-35 所示。由图 3-35 可知，试验的相对误差均分布在 1.25% 以内。

将流出系数的计算模型与体积流量的计算模型相结合，得到计算体积流量。观察计算体积流量与实际体积流量的相对误差，由于体积流量计算模型中并不会引入误差，因此该相对误差与流出系数的相对误差数值相等。误差分布如图 3-35 所示，体积流量的相对误差均在 1.25% 以内。

作为一套测量装置，需要大量、重复地对测量现场工况进行测量，流量计的稳定性和重复性是流量计品质的主要衡量指标，直接关系到其使用寿命和效果。因此测量结果的重复性对于评价测量装置的优劣至关重要。重复性误差计算公式见式 (3-7)。

$$Q_{ri} = \frac{1}{Q_i} \sqrt{\frac{\sum_{j=1}^{n} (Q_{ij} - Q_i)^2}{n-1}} \qquad (3-7)$$

式中，n 为每一工况点的测量次数。

按照式 (3-7) 对流出系数进行重复性误差计算，重复性误差分布如图 3-36 所示。

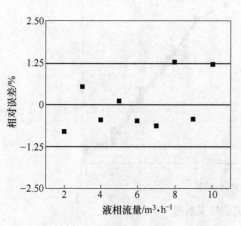

图 3-35 计算值与实际值的相对误差分布

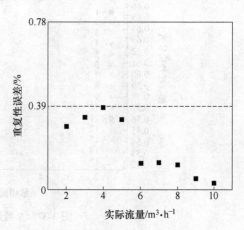

图 3-36 液相测试重复性误差分布

测量装置的重复性误差按式 (3-8) 计算：

$$\delta_r = \max(\delta_{ri}) \qquad (3-8)$$

由上述分析可知，测量装置的重复性误差在 0.39% 以内。

3.3.2.2 八通道竖直管试验

单相实验选择多相流实验室进行，实验测试范围为 1~12m³/h，共进行 3 组重复性实验，得到 36 组数据进行分析验证。单相流相含率实验为后续气液两相流实验提供了很好的依据与参考。将新型八通道近红外收发装置连接在竖直管道上进行近红外数据采集。实验开始前，将近红外收发装置与数据采集装置连接好，数据采集硬件系统采用 MCC 系列 USB-1616HS 型号数据采集卡，选用单端模式通道。本实验在此过程中需依次对 8 路信号进行测试，实验开始前设置 Tracer DAQ 采集通道为八通道，采集频率为 2000Hz，采集时间为 1s。采集完毕后将得到的电压值根据不同工况情况以 .txt 格式命名，为后续数据处理做准备。

每组数据采集完毕均含有 30000 个数据点可供分析，以往数据处理时将采集到的所有数据同时做平均处理，虽然反映了整体的状况，但是缺点在于将所有的数据进行统一化，无法观测到短暂时间内每个探头的数据变化趋势。本实验将采集到的 36 组数据中每个探头的单位时间内的 2000 个数据进行均值处理。为方便观测采集的红外信号随流量值增大的变化情况，选取 8 路通道中的第一通道、第五通道，以液相流量值为横轴，采集的单位信号均值为纵轴，绘制了采集 15s 内的信号变化图，如图 3-37 和图 3-38 所示。

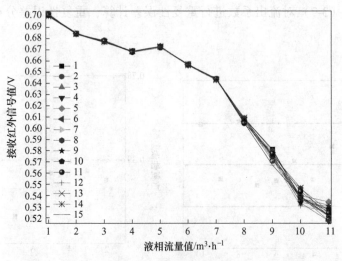

图 3-37   A 通道信号关系图

由图 3-37 和图 3-38 可知，随着流量值的增大，所有时间段的采集电压值随着实验液相流量值的增大而减小，采集的红外信号值均呈现相似规律，且随着流量值的增大，接收信号减小的频率更加明显。但是，在高流量时信号下降的数据重现性更好，低流量时的数据下降幅度更大。考虑是由于水流量增大导致流速的

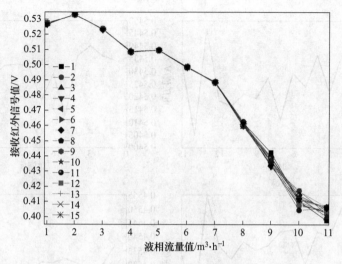

图 3-38　F 通道信号关系图

增大，出现这种现象是综合流量大小与水流速等内部因素。为进一步探究单流量时不同通道的接收信号变化规律，选取水流量为 $9m^3/h$ 时，绘制八通道的采集红外信号的时域图如图 3-39 所示。

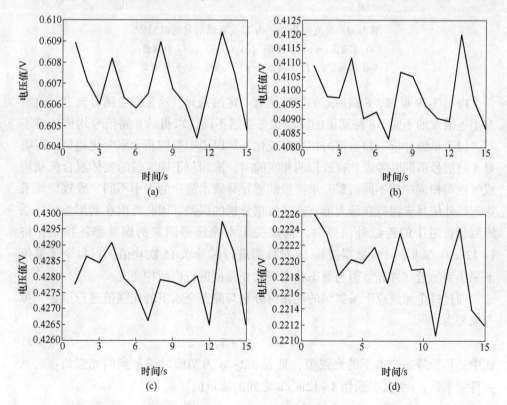

(a)　(b)

(c)　(d)

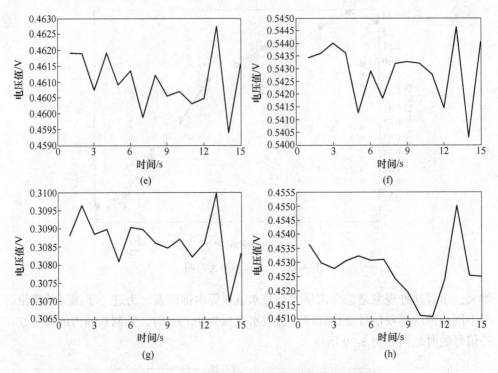

图 3-39　水流量为 9m³/h 时八通道信号的时域图

(a) A 通道；(b) B 通道；(c) C 通道；(d) D 通道；

(e) E 通道；(f) F 通道；(g) G 通道；(h) H 通道

　　由图 3-39 可知，8 路通道的时域图有一定的差异，这是因为随着流型、流量大小等因素的不同，8 路通道的流动状态必然不同，求得的 8 路信号均值也将不同，说明单独分析一路通道的相含率变化不足以说明整体相含率变化趋势，需要对 8 路信号值同时考虑。在进行两相实验时，液相与不同流量的气体混合流动构成气液两相流中的不同流型，水流量的差异导致水流速的大小不同，导致最终采集近红外信号未保持在最大值，造成数据分析的误差。因此提出在利用近红外系统测量管道中的近红外信号时，构建关于水流速等因素的误差修正模型，将 1~12m³/h 采集的 15s 数据按每 1s 对数据进行区分求 15 次均值，对每个流量值下采集到的近红外光强值与静态状态下的光强值进行模型构建。

　　通过每个流量点下采集到的光强值分别与静态全水下的光强值进行拟合，拟合模型为：

$$\Gamma_i = k_i \cdot q_i + b_i \tag{3-9}$$

式中，Γ 为静态全水下的光强值，见表 3-2；q 为实验时采集到的光强值；k，b 为待定系数；i 为实验所用 1~12m³/h 之间的流量值。

表 3-2 静态全水 8 路信号电压值

通道	A 路	B 路	C 路	D 路
透过光强/V	0.7037	0.4638	0.4983	0.2431
通道	E 路	F 路	G 路	H 路
透过光强/V	0.5350	0.6389	0.3537	0.5279

不同液相流量下待定系数的拟合见表 3-3。

表 3-3 待定系数拟合结果

k_1	b_1	k_2	b_2	k_3	b_3	k_4	b_4
0.9128	0.0535	1.0498	−0.0147	1.2179	−0.0139	1.0747	−0.0200
k_5	b_5	k_6	b_6	k_7	b_7	k_8	b_8
1.8305	−0.01224	1.0178	−0.0124	1.1076	−0.0155	1.1289	−0.0157
k_9	b_9	k_{10}	b_{10}	k_{11}	b_{11}	k_{12}	b_{12}
1.2032	−0.0189	1.2174	−0.0219	1.1703	−0.0626	1.4093	−0.0320

在接下来建立两相含率模型时，均结合 8 个通道的信号分析。后续两相实验对应采集到不同液相流量下的红外值，均采用上述修正后的信号值进行分析。

3.3.3 气相动态试验与分析

采取相同方法对气体进行测量，在 $0 \sim 30 \mathrm{m}^3/\mathrm{h}$ 以内随机选取 9 个工况点进行测量试验。工况点依次为 $2\mathrm{m}^3/\mathrm{h}$、$4\mathrm{m}^3/\mathrm{h}$、$6\mathrm{m}^3/\mathrm{h}$、$8\mathrm{m}^3/\mathrm{h}$、$10\mathrm{m}^3/\mathrm{h}$、$15\mathrm{m}^3/\mathrm{h}$、$20\mathrm{m}^3/\mathrm{h}$、$25\mathrm{m}^3/\mathrm{h}$、$30\mathrm{m}^3/\mathrm{h}$，气体与液体的检测在试验操作过程中并无差异。在计算过程中，由于气体可压缩，因此气体密度及膨胀系数不再为定值，而需通过计算推导出来。因此流量计算公式为：

$$Q_\mathrm{g} = \frac{C \times \varepsilon \times \beta^2 \times \pi \times R^2}{\sqrt{1 - \beta^4}} \times \sqrt{\frac{2 \times \Delta p}{\rho}} \qquad (3\text{-}10)$$

式中，β 为等效节流比，无量纲；ρ 为节流件上游密度，$\mathrm{kg/m}^3$；Δp 为节流件两端压力差，kPa。

在实测时由于温度、压力一直处于变化过程中，简单的气体密度计算并不能完全体现介质性质，需要对其进行温度压力补偿，即将工作条件下的气体完全转化为标况（0℃、101.325kPa）下的气体后，再进行后续计算，保证了测量精度。

罗马参数计算公式，见式 (3-11)。

$$\tau = \frac{p - \Delta p + 101.325}{p + 101.325} \qquad (3\text{-}11)$$

式中，p 为气体压力值，kPa；Δp 为两个取压孔的差压值，kPa。

$$\varepsilon = \frac{1.4 \times \tau^{1.42857} \times (1 - \beta^4) \times (1 - \tau^{0.258714})}{\sqrt{0.4 \times (1 - \beta^4 \times \tau^{1.42857}) \times (1 - \tau)}} \tag{3-12}$$

式中，β 为等效节流比，无量纲；τ 为罗马参数，无量纲。

在气体计算过程中发现，流出系数与差压值依然呈指数变化形式，如图 3-40 和图 3-41 所示。

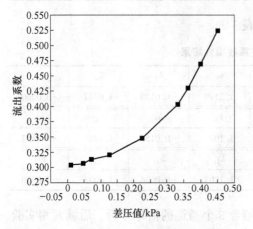

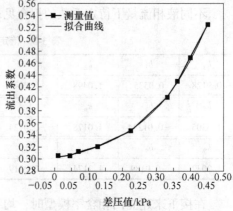

图 3-40　差压值与流出系数的关系　　　图 3-41　差压值与流出系数的拟合效果

3.4　实验结果分析

近红外装置主要完成对相含率的研究，每个工况点采集 1min30s，即 36000 个数据。在安装近红外探头时，由于探头对近红外光极其敏感，并且在加大流量过程中，实验管道会出现轻微振动，因此在整个实验过程中应使红外探头固定不动，才能保证数据的可靠性。共安装 4 组近红外探头，同时进行数据的采集与记录。

液相体积含率计算公式为：

$$1 - \beta_g = \frac{q_1}{q} = \frac{q_1}{q_g + q_1} = \frac{(q_{1-0} \times \rho_水)/\rho_{水-背}}{(q_{1-0} \times \rho_水)/\rho_{水-背} + (q_{g-0} \times \rho_气)/\rho_{气-背}} \tag{3-13}$$

式中，$1-\beta_g$ 为液相体积含率；β_g 为气相体积含率；q_1 为工况下液相体积流量；q_g 为工况下气相体积流量；q 为工况下总体积流量；q_{1-0} 为标况下体积流量；q_{g-0} 为标况下气相体积流量；$\rho_水$ 为液路液体密度；$\rho_{水-背}$ 为实验管段液体密度；$\rho_气$ 为气路气体密度；$\rho_{气-背}$ 为试验管段气体密度。

式（3-13）实际是将标况下的体积流量与工况下的体积流量进行了转换。通过式（3-13）求得的液相体积含率为理论液相体积含率，即本次实验的真值。

由表3-4可以看出，当液相流量相同、逐渐增加气相时，相含率随之变化，4组探头采集到的红外信号也随之增加，说明红外探头能够比较敏感地反映出实验过程中液相与气相的变化。

表3-4 第一次循环下4组红外信号与液相体积含率真值表

液相体积流量 /m³·h⁻¹	气相体积流量 /m³·h⁻¹	液相体积含率	CH1	CH2	CH3	CH4
0.4	0.12	0.790842013	1.0382	0.9614	1.1412	1.0964
	0.24	0.651081286	1.1128	1.0365	1.2198	1.1961
	0.36	0.558810691	1.1890	1.1190	1.3095	1.2657
	0.48	0.481663119	1.2076	1.1191	1.3180	1.2876
0.6	0.60	0.427127988	1.2110	1.1347	1.3310	1.2890
	0.12	0.842398062	1.0286	0.9537	1.1259	1.0863
	0.24	0.732612127	1.1055	1.0155	1.2062	1.1738
	0.36	0.645582964	1.1247	1.0612	1.2504	1.2005
	0.48	0.575309058	1.1697	1.0918	1.2821	1.2495
0.8	0.60	0.520882529	1.2018	1.1191	1.3141	1.2790
	0.12	0.873208848	1.0218	0.9254	1.1024	1.0690
	0.24	0.773535003	1.0809	1.0115	1.1876	1.1502
	0.36	0.697768583	1.1107	1.0249	1.2137	1.1845
	0.48	0.634495601	1.1594	1.0754	1.1240	1.2332
1	0.60	0.898968963	1.0124	0.9144	1.0938	1.0594
	0.12	0.814800237	1.0332	0.9577	1.1374	1.0946
	0.24	0.747676873	1.1050	1.0130	1.1959	1.1729
	0.36	0.690207466	1.1116	1.0269	1.2160	1.1855
	0.48	0.639394766	1.1498	1.0629	1.2533	1.2163
2	0.60	0.947612393	0.8478	0.7873	0.9406	0.8921
	0.12	0.899817767	0.9908	0.8971	1.0679	1.0375
	0.24	0.857802418	1.0262	0.9305	1.1169	1.0762
	0.36	0.81976616	1.0523	0.9567	1.1357	1.0922
	0.48	0.781795334	1.0778	0.9993	1.1801	1.1451

近红外装置采集到的入射光强与透射光强的比值与体积含率呈现幂指数关系（见图3-42），将4组经过驱动模块滤波、转换、放大等处理后得到的电压信号作为近红外的输出电压信号，将测量空管得到的电压信号作为输入电压信号，电压信号反映红外信号的变化规律，本节主要内容为输入电压信号与输出电压信号以及液相体积含率三者之间的关系。

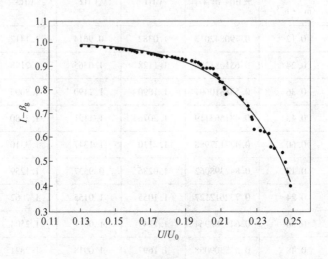

图 3-42   通道相含率拟合曲线

4组红外探头是在管道的同一截面均匀布置，反映了相同的相含率信息，也可以看出4组探头与各自的输入电压与输出电压比值之间具有相似的变化规律。

3.5   单探头及多探头实验数据

本章中只针对湿气中的环雾状流进行研究，气相较大，液相较小。通过数据采集卡进行数据采集，每个工况下的采集时间为1min30s，共采集36000个数据。在动态数据采集过程中，因为对气相要求较大，应保持压力的稳定性，才能保证数据的可靠性。

在垂直管段对环雾状流进行数据采集，采集装置安装方法如图3-43所示，一共4组探头，同时进行数据采集与记录。

在空管和满管的这两个工况下，数据采集卡接收到的数据如图3-44所示。根据图3-44可以看出，数据采集卡采集到的数据在空管的时候，电压为5V左右；满管时，由于水对近红外光线的折射、反射、吸收作用，电压降至1.4V左右，与静态试验相符，数据相对稳定。

动态试验是在垂直方向对数据进行采集，工况点参数设置见表3-5。

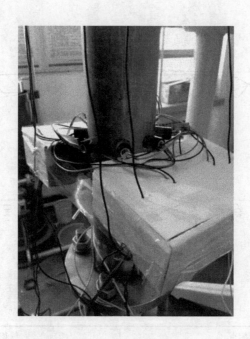

图 3-43 近红外装置安装方法

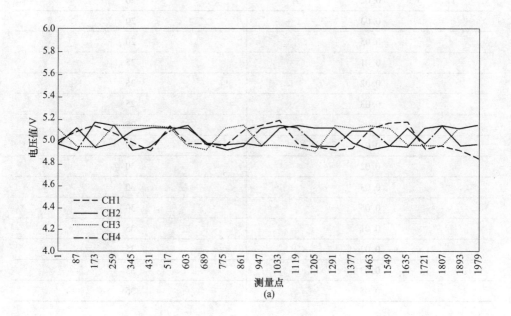

(a)

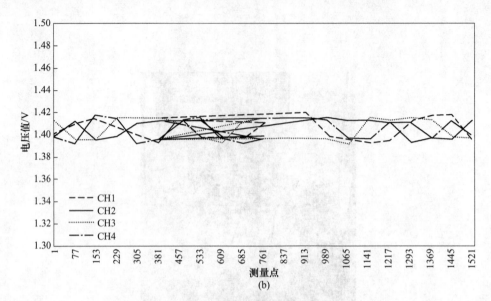

图 3-44 空管与满管采集数据

（a）空管；（b）满管

表 3-5 工况点参数 （m³/h）

液相点	气相点
0.01	20
0.02	20
0.03	20
0.05	20
0.01	25
0.02	25
0.03	25
0.05	25
0.01	30
0.02	30
0.03	30
0.05	30
0.01	35
0.02	35
0.03	35
0.05	35

根据工况点，采集到的气相流量为 $20m^3/h$ 的数据如图 3-45 所示。

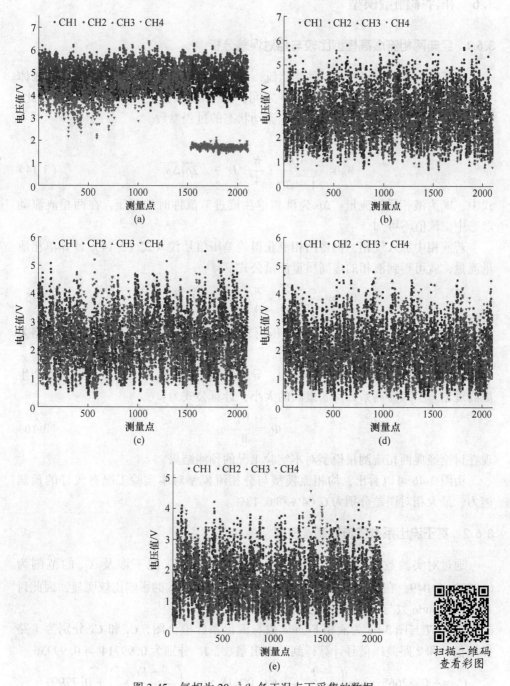

图 3-45 气相为 $20m^3/h$ 各工况点下采集的数据

(a) 全气 G20；(b) L0.01 G20；(c) L0.02 G20；(d) L0.03 G20；(e) L0.05 G20

扫描二维码
查看彩图

3.6　相合率测量模型

3.6.1　经典两相流虚高模型比较与相对误差分析

本研究主要讨论竖直方向的弹状流、泡状流及两者之间的过渡流型，液相体积含率（$1-\beta_g$）在 61.89% ~ 99.40% 之间，属于以液相为主的流动状态。因此，研究过程中采用相关的描述液相为主流动状态的过程参数。

差压流量计流量计算公式为：

$$W_1 = \frac{\varepsilon \cdot C}{\sqrt{1-\beta^4}} \cdot \frac{\pi}{4}\beta^2 D^2 \cdot \sqrt{2\rho_1 \Delta p_1} \tag{3-14}$$

式中，W_1 为液相质量流量；Δp_1 为液相单独流过节流件时的差压，在两相流流动形态中，该值不可知。

若液相中加入气相，仍将两相流获得的差压信号代入式（3-14）计算单相质量流量，就可得到液相的虚高质量流量公式：

$$W_{tp} = \frac{\varepsilon \cdot C}{\sqrt{1-\beta^4}} \cdot \frac{\pi}{4}\beta^2 D^2 \cdot \sqrt{2\rho_1 \Delta p_{tp}} \tag{3-15}$$

式中，Δp_{tp} 为差压变送器采集到的差压信号，本研究分为 1 路差压信号和 2 路差压信号。

由于液相对气相流通有阻碍作用，导致气相流动减速，两项差压值增加产生虚高现象。引入虚高系数反映虚高的大小，计算公式为：

$$\Phi_1 = \frac{W_{tp}}{W_1} \tag{3-16}$$

现在讨论经典两相流测量模型对本实验工况的预测结果。

由图 3-46 可以看出，均相流模型与分相流模型对本实验工况有较好的预测能力，最大相对误差分别为 6.04% 和 6.13%。

3.6.2　基于流出系数的流量测量模型

通过对实验数据的分析与预处理发现，本实验工况下涉及 X_{LM} 的范围为 0.0002 ~ 0.049，在低 X_{LM} 下，液相 Froude 数对流出系数的影响比较明显，因此讨论液相 Froude 数与流出系数的关系。

图 3-47 与图 3-48 为液相 Froude 数与流出系数拟合图，C_1 和 C_2 分别为 1 路差压信号和 2 路差压信号计算得到的流出系数，R^2 分别为 0.99714 与 0.99936。

$$C_1 = -0.82665 \times \exp\left(\frac{-Fr_1}{0.35967}\right) + 0.00418 \times \exp\left(\frac{-Fr_1}{-0.95789}\right) + 0.77997$$

$$\tag{3-17}$$

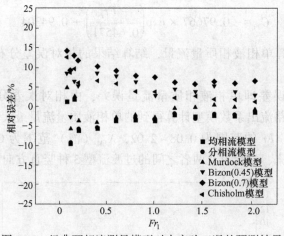

图 3-46 经典两相流测量模型对本实验工况的预测结果

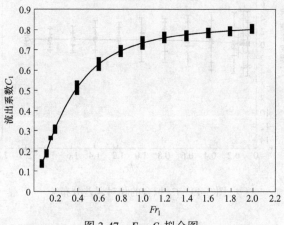

图 3-47 $Fr_1 - C_1$ 拟合图

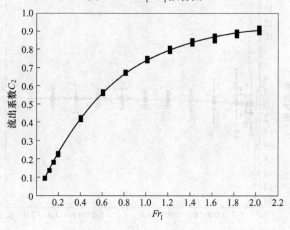

图 3-48 $Fr_1 - C_2$ 拟合图

$$C_2 = -0.97667 \times \exp\left(\frac{-Fr_l}{0.64571}\right) + 0.94304 \tag{3-18}$$

按此模型计算单相液相质量流量，结算结果的相对误差分布如图 3-49 和图 3-50 所示。

流出系数的误差即单相液相质量流量误差，由相对误差分布图 3-49 和图 3-50 可得，由两路流出系数模型计算得到的单相液质量流量最大相对误差分别为 4.89% 和 4.96%，Fr 的范围为 0.08～2.02，X_{LM}（液）范围为 0.0002～0.0492；该模型涉及泡状流、弹状流及两者之间的过渡流型 3 种竖直方向流动形态。

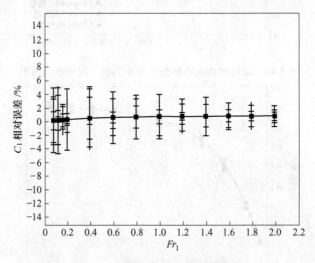

图 3-49　C_1 拟合的相对误差分布

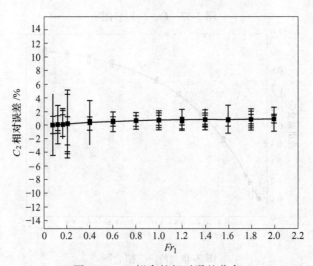

图 3-50　C_2 拟合的相对误差分布

参 考 文 献

[1] 李婷婷. 轴向安装的近红外系统气液两相流测量特性 [D]. 保定：河北大学，2017.

[2] 李明明. 新型气液两相流相含率检测装置的研究 [D]. 保定：河北大学，2016.

[3] 方立德，李婷婷，李丹，等. 新型气液两相流相含率检测装置特性研究 [J]. 中国测试，2017(3)：121～125.

[4] 方立德，李明明，温梓彤，等. 一种测量水平管道内气液两相流流量的装置及方法 [P]. 中国：CN105547386A，2016-05-04.

[5] 方立德，李明明，温梓彤，等. 一种测量竖直管道内气液两相流流量的装置及方法 [P]. 中国：CN105628108A，2016-06-01.

[6] 方立德，王少冲，王配配，等. 基于近红外面源传感器的气液两相流相含率测量 [J]. 计量学报，2019，40(6)：1043～1049.

[7] 方立德，于晓飞，田梦园，等. 一种发射功率可调的近红外接收与发射控制装置 [P]. 中国：CN209231210U，2019-08-09.

[8] 方立德，于晓飞，韦子辉. 一种近红外接收与发射控制装置 [P]. 中国：CN209198313U，2019-08-02.

4 长喉颈文丘里管与近红外光谱技术的气液两相流测量

4.1 近红外光谱分析原理概述

当光线通过某物质时，物质结构中的带电粒子在光波的电矢量作用下做受迫振动，这种受迫振动所消耗能量的来源就是光的能量。如果物质粒子与其他分子或者原子发生碰撞，则使分子热运动能量增加，表现出来的结果就是光线通过物质后能量减弱，光强减弱，而物体发热。

当光线通过某一具有吸光性质的均匀介质时，受到介质吸光特性的影响，其透过后的光线强度会有所衰减。光线强度的衰减量取决于吸光介质对光线的吸收量，由光程中存在的具有吸光性介质的分子数量决定，其量值关系服从朗伯-比尔（Lambert-Beer）定律。

用一束单色平行光照射某一均匀吸光介质，入射光光强为 I_0，吸光介质的厚度为 d，光线透过后的光强为 I，则量值关系可由 Lambert 定律表示为式（4-1）。

$$I = I_0 e^{-\alpha_\Delta(\lambda)d} \tag{4-1}$$

式中，I_0 为入射光强，cd；I 为出射光强，cd；e 为自然常数；d 为介质厚度，cm；$\alpha_\Delta(\lambda)$ 为物质 Δ 对波长为 λ 的光的吸收系数，cm^{-1}。

如图 4-1 所示，在水平静止的透明实验管段内注入一定量水，用一束给定波长的平行近红外光垂直水面照射实验管段，近红外光穿透实验管段管壁、空气、水后从另一侧射出。此透射过程，由于空气不吸收近红外光，近红外光只被实验管段管壁及水吸收。近红外光入射光强为 I_0，穿透实验管段上壁后光强变为 I_1，穿透水层后光强变为 I_2，穿透实验管段下壁后光强变为 I_3。实验管段上、下壁厚度分别为 a_1 和 a_2，水层厚度为 b，则有如下关系：

$$I_1 = I_0 e^{-\alpha_a(\lambda)a_1} \tag{4-2}$$

$$I_2 = I_1 e^{-\alpha_1(\lambda)b} \tag{4-3}$$

$$I_3 = I_2 e^{-\alpha_a(\lambda)a_2} \tag{4-4}$$

式中，$\alpha_a(\lambda)$ 为管壁材料对波长为 λ 的近红外光的吸收系数；$\alpha_1(\lambda)$ 为水对波长为 λ 的近红外光的吸收系数。

联立式（4-2）~式（4-4），可得近红外入射光 I_0 与出射光 I_3 之间的关系，见式（4-5）。

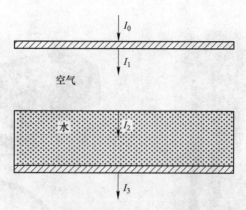

图 4-1 静态管道近红外透射示意图

$$I_3 = I_0 e^{-[\alpha_a(\lambda)(a_1+a_2)+\alpha_1(\lambda)b]} \tag{4-5}$$

观察式（4-5）可以发现，式中 $\alpha_a(\lambda)$、$\alpha_1(\lambda)$、a_1、a_2 均为固定值，保持入射光强 I_0 值不变，则可通过测量出射光强 I_3 的值来测量水层厚度 b，即当水层厚度为 b_i 时，出射光强值 I_{3i} 满足式（4-6）。

$$I_{3i} = I_0 e^{-[\alpha_a(\lambda)(a_1+a_2)+\alpha_1(\lambda)b_i]} \tag{4-6}$$

当实验管段中水层厚度为 0，即 $b_i = 0$，则可得到空管状态下的出射光强值 I_{30} 为：

$$I_{30} = I_0 e^{-\alpha_a(\lambda)(a_1+a_2)} \tag{4-7}$$

联立式（4-6）与式（4-7）可得式（4-8）。

$$\frac{I_{3i}}{I_{30}} = e^{-\alpha_1(\lambda)b_i} \tag{4-8}$$

式（4-8）表明，在实验过程中，保持近红外发射探头的入射光强值不变，将近红外发射探头与接收探头同实验管段透明管壁的相对位置固定，即可用在某液层厚度时的出射光强值与空管状态下的出射光强值的比值来测量此液层的厚度值。如此则避免了测量近红外入射光强值、探头位置的管壁厚度等难以测量的量，消除了管壁材料对实验结果的影响，使实验的实际可操作性更强。

如图 4-2 与图 4-3 所示，选择内径为 50mm 的有机玻璃管作为静态实验管段，选择波长为 980nm 的近红外光束作为检测光源，进行静态实验。实验时将近红外发射探头与接收探头相对布置在有机玻璃管的两侧，并进行可靠固定，使近红外光束与气液两相交界面垂直入射，从空管状态（即 b_i 为 0mm）到满管状态（即 b_i 为 50mm）逐次向管内注水，每次液面上升高度为 5mm（即 Δb_i 为 5mm），各实验点需待液面平稳后采集透过的近红外光强信号值，求出各实验点光强信号值与空管状态下信号值的比值。进行 3 组重复实验，求出各实验点信号比值的平均值，实验结果如图 4-4 所示。

图 4-2 有机玻璃管

图 4-3 近红外系统光源

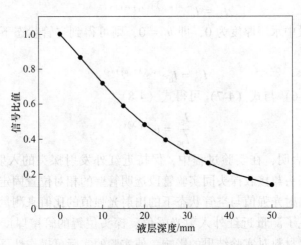

图 4-4 液层深度与信号比值关系曲线

从图 4-4 可以看出，随着液层深度的增加，透过的近红外光强值与空管状态下透过光强值的信号比值呈现出指数规律衰减，基本与式（4-8）中通过理论分析所得到的透过光强信号比值 $\dfrac{I_{3i}}{I_{30}}$ 与液层深度 b_i 的变化规律相同。实验结果表明，在静止状态下，近红外光线垂直气液两相交界面入射，近红外光线受到交界面折射、反射因素的影响较小，透过的近红外光强主要受到液相吸收作用的影响，随液层深度的增加成指数规律衰减[1]。

4.1.1 交界面对近红外光线折射和反射作用

当光线照射在气、液两相交界面时，会在交界面发生折射、反射现象，光线的传播方向和光强均发生了变化。反射光与折射光的方向符合光的反射定律与折射定律，而反射光与折射光的强度变化则需要通过电磁场理论与界面条件来讨论。

由于光具有波粒二象性，将光作为一种特殊的电磁波，在界面发生反射、折射时，其能量变化遵循能量守恒定律，即入射波能量流等于反射波与折射波能量流之和。由麦克斯韦电磁波方程组出发，经推导计算，光线能量透射率随入射角的变化关系见式（4-9）。

$$T = 1 - \frac{1}{2}\left[\frac{\sin^2(i-r)}{\sin^2(i+r)} + \frac{\tan^2(i-r)}{\tan^2(i+r)}\right] \tag{4-9}$$

式中，T 为光线能量透射率，无量纲量；i 为入射角，（°）；r 为折射角，（°）。

分析发现，光线能量透射率 T 随光线入射角 i 的增大而减小，若入射光光强（入射波能量流）大小不变，则折射光光强（折射波能量流）随入射角增大而减弱，反射光光强（反射波能量流）随入射角增大而增强。

利用与液层深度实验相同的管段与近红外探头进行实验。实验时将近红外发射探头与接收探头相对布置在有机玻璃管的两侧，并进行可靠固定，调节实验管段水平并加水至液面升高到 25mm（管段轴线位于气液两相交界面上），利用实验管段绕自身轴线旋转使近红外入射光与气液两相交界面产生不同的入射角。从近红外光束与气液两相交界面垂直位置（即 i 为 0°）逐次将实验管段绕其自身轴线旋转，使近红外光束入射角增大 5°（即 Δi 为 5°），直至入射角达到 40°，各实验点需待液面平稳后采集透过的近红外光强信号值，求出各实验点光强信号值与垂直入射状态下信号值的比值。进行三组重复实验，求出各实验点信号比值的平均值，实验结果如图 4-5 所示。

从图 4-5 信号比值随入射角角度变化的规律可以看出，当近红外光束照射在气液两相交界面时，光束发生反射与折射现象，进入液相的折射光线的能量减弱，光强降低；同时由于光束传播角度的偏折，导致折射光线不能完全被布置在与近红外发射探头正对位置的接收探头所接收到，使最终接收到的近红外光强减弱，信号值降低。保持实验管段内液面高度与近红外发射探头发射光强大小不变，随着入射角角度的增大，接收探头接收到的光强信号明显减弱。

4.1.2 对比分析

近红外光束穿过含有气液两相的透明管段时，接收探头接收到的近红外光强变化是由液相对近红外光吸收作用和气液两相交界面对光束折射、反射作用共同

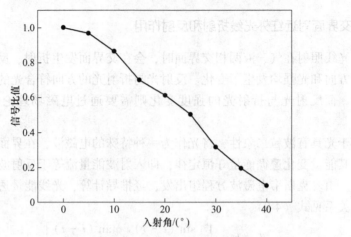

图 4-5　入射角与信号比值关系曲线

影响的综合结果。在分析处理动态实际问题时，单独考虑某一项而忽略另外一项的作用是不合理的。当近红外入射光强不变，入射光束垂直气液两相交界面入射时，随着液层深度从 0mm 升高到 50mm，其接收信号比值变为初始空管状态的 13.71%。图 4-5 中，当近红外入射光强度不变、液层深度不变，随着近红外光束入射角从 0° 增大到 40°，其接收信号比值变为初始垂直入射状态的 9.81%。所以，近红外光束在气液两相流交界面处产生的折射、反射现象对接收探头接收的信号强度影响更加明显。同时注意到，角度变化对接收探头接收信号强度影响的实验结果仅是气液两相流静态下，存在一个交界面且交界面为平面条件。在气液两相流流动状态下，两相交界面多为不规则曲面，近红外光束从发射探头到接收探头要通过多个两相交界面的折射、反射的作用，两相流交界面相互交错使实际情况变得更加复杂。

对于不同流型下的气液两相流，气、液两相在管道内的分布情况有很大的差异，气液两相交界面的形态也差别巨大。因此不同流型状态下，近红外光束在两相交界面上产生折射、反射的因素对其光路及透过光强的影响权值是不同的。在气液两相流动态实验研究中，分流型处理两相交界面处折射、反射现象对测量结果影响的权值并建立测量模型更具可行性。

4.2　测量装置设计

通过之前的相关研究表明，基于近红外光谱技术测量气液两相流相含率是可行的，利用流体流过节流装置产生差压来测流量的方法也十分可靠。为了将近红外光谱技术测量的气液两相流相含率与差压法测得的流量更合理、更有效地结合来实现对气液两相流的准确测量，本书提出了将近红外测量系统布置于长喉颈文丘里管喉管部位的新结构[2]，如图 4-6 所示。

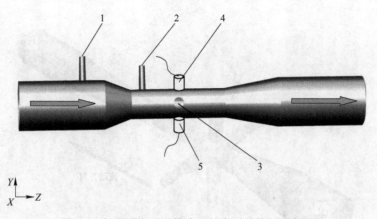

图 4-6　长喉颈文丘里管式两相流测量装置示意图

1—高压引压管；2—低压引压管；3—透光管段；4—近红外发射探头；5—近红外接收探头

图 4-6 所示的结构具有以下三点优势：

（1）长喉颈文丘里管结构简单，对气液两相流流型的影响和对流动的扰动均较小，而将近红外测量系统布置于管径缩小的喉管部位，减小了近红外发射探头与接收探头之间的距离；测量时在保持流型的信号特征不发生改变的前提下提高了接收信号的强度，降低了系统噪声信号对测量结果的影响。

（2）差压法测气液两相流流量依赖两相流的流型判定及相含率，而近红外测量系统能够有效识别流型及测量相含率，且测量方式为非侵入式；对长喉颈文丘里管内部两相流系统的流动状态没有任何影响，不破坏流型且不影响长喉颈文丘里管内部管型结构。

（3）近红外测量系统的探头布置方式简单，与长喉颈文丘里管结合的整个测量系统结构紧凑，流型识别及相含率测量与差压测量互不干扰；而由于近红外探头布置于中间长喉颈管段上，使近红外测量的相含率与差压测得的流量具有更高的同步性与相关性，这样的双参数测量形式更为合理有效。

4.2.1　新型测量装置的基本结构

新型测量装置是以文丘里管作为基础结构，通过延长文丘里管的喉管长度，达到布置近红外测量系统的目的，最终实现测量系统的优化及测量效果的提高。装置结构图如图 4-7 所示[3]。

该装置整体结构为一个长喉颈文丘里管，前管段 1 的 A 端与后管段 2 的 B 端通过法兰盘与实验主管道相连，A 端为流体入口，B 端为流体出口。在喉管位置进行打断设计，内部嵌入透明管段 3，通过细螺纹将前后管段连接起来，透明管段前后端用橡胶垫圈密封。在长喉颈文丘里管的收缩管段入口前端的前直管段与

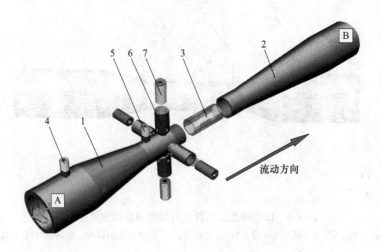

图 4-7　新型测量装置结构图
1—前管段；2—后管段；3—内嵌透明管段；4—高压引压管；
5—低压引压管；6—近红外探头固定管；7—压紧螺栓

出口后端的喉管部位设置引压管 4、5，与主管段焊接连接，用于连接差压变送器。长喉颈文丘里管的喉颈侧壁上，对称开两组通孔，作为近红外测量系统的光路通道。考虑到装置实际安装到实验管道上会受到工作时管道振动的影响，在喉颈侧壁所开通孔位置焊接近红外探头固定管 6，通过固定管侧壁上的 4 个通孔螺钉对近红外探头进行径向固定，通过带通孔的压紧螺栓 7 对近红外探头进行轴向固定，从而达到对近红外探头的定位，以消除振动对测量结果的影响。内嵌透明管段为透光性较好，且对近红外几乎不吸收的石英玻璃管。

4.2.2　新型测量装置的仿真定型

长喉颈文丘里管的主体结构为一个非标准节流装置，其主要作用是在流体流过时产生差压值来测量流体的流量。同时考虑到装置的节能性，装置的尺寸定型主要以有效差压值与压损比作为结构优劣的判定依据。压损比为流体流过节流装置时的压力损失与有效差压值的比值。

依据国际标准《用压差装置测量管道循环交叉流体流量》(ISO5167) 和《用临界流文丘里喷嘴测量气体流量》(ISO9300)、国家标准《用安装在圆形截面管道中的压差装置测量满管流体流量》(GB/T 2624—2006)，综合考虑新型测量装置的实验条件及加工技术手段，确定长喉颈文丘里管的主要尺寸选取范围见表 4-1。

根据表 4-1 中主要尺寸的选择范围，共得到 125 种不同尺寸的长喉颈文丘里管，利用 CFD 流场分析技术对所有结构进行流动仿真分析，对比仿真结果，选取最优结构。

表 4-1　长喉颈文丘里管的主要结构尺寸选择范围及依据

主要结构参数	尺寸选择范围	主要依据
前后直管段 内径 D/mm	50	实验系统主管道为 DN50
节流比 β	0.3, 0.4, 0.5, 0.6, 0.7	标准文丘里管节流比为 0.3~0.75
收缩角 α/(°)	16, 18, 20, 22, 24	标准文丘里管收缩角为 20°~22°
扩散角 β/(°)	7, 9, 11, 13, 15	标准文丘里管扩散角为 7°~15°
喉管长度 l/mm	80	方便布置近红外探头与机械加工

仿真分析流程如下：

（1）在 Gambit 软件中，按照结构尺寸，画出流场几何结构图（见图 4-8），且前直管段长度为 10D，后直管段为 5D，满足节流装置实际安装时的上下游直管段要求。

（2）设置边界条件，生成网格并检查网格质量（见图 4-9），合格后输出 msh 文件。

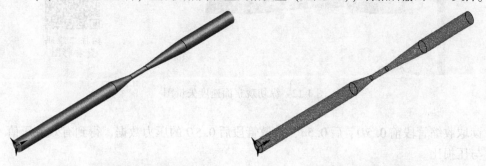

图 4-8　流场几何结构渲染图　　　　　　　图 4-9　生成网格图

（3）在 CFD 软件中，读取 msh 文件，设置相同流动介质参数、入口参数、流动条件参数后开始迭代运算。

（4）收敛后，利用 CFD 后处理器对实验结果进行处理分析，绘制沿轴向的纵切观察面，得到压力云图、速度云图及速度矢量图，如图 4-10~图 4~12 所示，

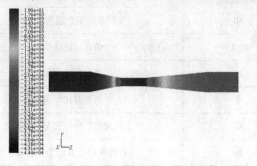

扫描二维码
查看彩图

图 4-10　纵切观察面压力云图

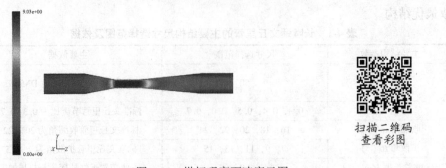

扫描二维码
查看彩图

图 4-11　纵切观察面速度云图

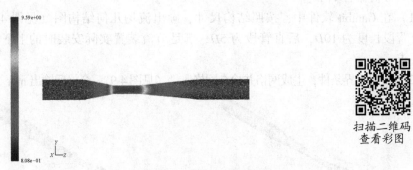

扫描二维码
查看彩图

图 4-12　纵切观察面速度矢量图

读取收缩管段前 $0.5D$、后 $0.5d$，扩散管段后 $0.5D$ 的压力数据，得到有效差压值与压损比。

观察相同仿真条件下流体在不同尺寸参数结构内的流动状态，选取有效差压值较大而压损比较小的结构，确定装置的主要尺寸。定型装置的主要结构参数的尺寸见表 4-2。

表 4-2　主要结构参数尺寸取值及依据

主要结构参数	参数值	主 要 依 据
前后直管段内径 D/mm	50	实验系统主管道为 DN50
节流比 β	0.4	仿真对比结果
收缩角 α/(°)	18	仿真对比结果
扩散角 β/(°)	9	仿真对比结果
喉管长度 l/mm	80	便于布置近红外探头与机械加工
喉管内径 d/mm	20	直管段内径 D 与节流比 β

主要结构参数	参数值	主 要 依 据
收缩段长度 l_1/mm	94.71	直管段内径 D、喉管内径 d、收缩角 α
扩散段长度 l_2/mm	190.59	直管段内径 D、喉管内径 d、扩散角 β
高压引压管位置/mm	收缩管段前 25	仿真压力云图
低压引压管位置/mm	收缩管段后 10	仿真压力云图
近红外探头位置/mm	收缩管段后 40	仿真速度云图、压力云图，便于机械加工

利用 CAD 绘图软件绘制定型装置的加工图，并交付车间加工制作，得到测量装置样机，如图 4-13 和图 4-14 所示。

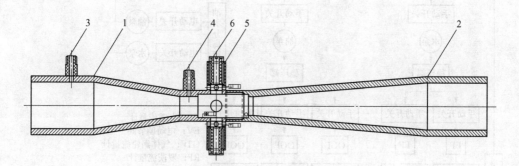

图 4-13　装置加工整体装配图
1—前段管；2—后段管；3—高压引压管；4—低压引压管；
5—近红外探头固定管；6—压紧螺栓

图 4-14　装置样机实物图

4.3 实验测试及单探头和多探头实验

4.3.1 液相流量测量实验

液相流量测量实验在多相流实验室进行，实验室的多相流实验系统示意图如图 4-15 所示。

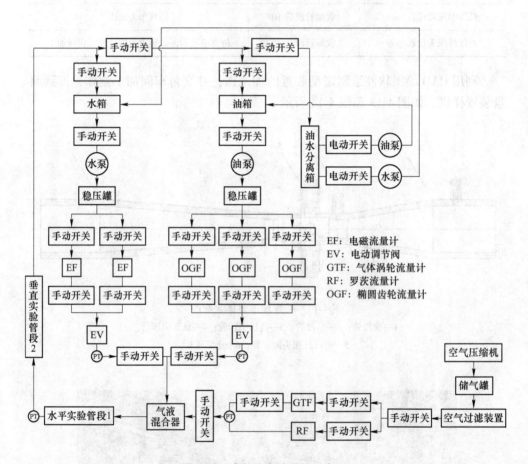

图 4-15 多相流实验系统示意图

多相流实验系统可通过手动调节油、气、水三路上的手动开关来控制对单相流、两相流或油气水三相流的模拟。在油、气、水三条管路中，又可根据模拟流动状态的不同选择合适量程范围的流量标准表测量单相流量数据，配合各单相管路及实验管段上的温度变送器、压力变送器采集的温度、压力信息，为实验数据的分析处理提供可靠参数。

新型测量装置的液相流量测量实验选择在多相流实验系统中的垂直上升实验

管段进行，流动介质为单相水，水路流量标准表测量精度为 0.2%，用于测量差压值的差压变送器测量精度为 0.065%。

正确连接好管路后打开实验采集系统软件，将系统初始化，并进行零点修正，设置差压信号采样频率为 500Hz，采样时间为 15s。每次调节水流量至预设工况点液相流量值后等待 3min，水流量稳定后再开始采集实验数据。

4.3.2 泡状流相含率与流量测量实验

正确连接好管路后打开实验采集系统软件，将系统初始化，并进行零点修正，设置差压信号采样频率为 500Hz，采样时间为 15s，近红外光强信号采样频率为 3000Hz，采样时间为 15s。近红外发射探头与接收探头通电后等待 50min，状态稳定后，开始测量。首先采集一组空管状态下近红外接收探头信号数据，然后调节气、水两相流量至预设工况点流量值，每次调节气、水两相流量后等待 5min，待管内两相流流动稳定后再开始采集实验数据。

4.3.3 弹状流相含率与流量测量实验

正确连接好管路后打开实验采集系统软件，将系统初始化，并进行零点修正，设置差压信号采样频率为 500Hz，采样时间为 15s，近红外光强信号采样频率为 3000Hz，采样时间为 15s。近红外发射探头与接收探头通电后等待 50min，状态稳定后，开始测量。首先采集一组空管状态下和一组满管（全水）状态下近红外接收探头信号数据，然后调节气、水两相流量至预设工况点流量值，每次调节气、水两相流量后等待 5min，待管内两相流流动稳定后再开始采集实验数据。

4.4 实验结果分析

4.4.1 液相流量测量结果

根据实验室现状及新型测量装置预期工作条件下单相水流量的测量范围($0\sim11\text{m}^3/\text{h}$) 设置 11 个工况点，进行四次重复实验，共得到 44 组实验数据，工况点设置及所得实验数据见表 4-3。

表 4-3 液相流量测量实验工况点及实验数据

工况点	第一次实验		第二次实验		第三次实验		第四次实验	
预期水流量 /$\text{m}^3 \cdot \text{h}^{-1}$	液相实际流量 /$\text{m}^3 \cdot \text{h}^{-1}$	差压值 /kPa	液相实际流量 /$\text{m}^3 \cdot \text{h}^{-1}$	差压值 /kPa	液相实际流量 /$\text{m}^3 \cdot \text{h}^{-1}$	差压值 /kPa	液相实际流量 /$\text{m}^3 \cdot \text{h}^{-1}$	差压值 /kPa
1	1.0268	0.4355	1.0102	0.4223	1.0104	0.4204	1.0086	0.4192

续表 4-3

工况点	第一次实验		第二次实验		第三次实验		第四次实验	
预期 水流量 /m³·h⁻¹	液相 实际流量 /m³·h⁻¹	差压值 /kPa	液相 实际流量 /m³·h⁻¹	差压值 /kPa	液相 实际流量 /m³·h⁻¹	差压值 /kPa	液相 实际流量 /m³·h⁻¹	差压值 /kPa
2	1.9824	1.5762	1.9760	1.5666	2.0346	1.6662	2.0260	1.6594
3	3.0109	3.6449	3.0237	3.6607	2.9729	3.5661	3.0136	3.6015
4	4.0209	6.4879	4.0095	6.4694	4.0212	6.5156	4.0123	6.4962
5	4.9988	9.9844	4.9898	9.9883	5.0215	10.0886	5.0024	9.9988
6	5.9858	14.3961	5.9858	14.4096	5.9896	14.4122	5.9865	14.4096
7	7.0291	19.7576	6.9824	19.5402	7.0135	19.6614	7.0163	19.6596
8	7.9855	25.5379	8.0182	25.6956	7.9896	25.5296	7.9955	25.5316
9	9.0209	32.4655	9.0238	32.3949	8.9982	32.5508	9.0214	32.5487
10	10.0346	40.3113	9.9905	40.2001	10.0291	40.2322	10.0355	40.2500
11	10.9879	48.1049	10.9712	48.1995	11.0110	48.3268	10.9851	48.2988

　　将所得实验数据中第一、二、三次实验的数据作为拟合数据，用于求解拟合模型中待定系数的最小二乘解，从而得到新型测量装置测量液相流量时的测量模型，将第四次实验的数据作为验证数据，以此检验装置的测量效果。

　　由理论分析可知，将已知的参数值代入式 (4-9)，即可得到拟合模型：

$$y = 1.6203C\sqrt{x} \tag{4-10}$$

式中，x 为差压值，kPa；y 为体积流量值，m³/h；C 为待定系数，即流出系数。

　　分别绘制出第一、二、三次实验所得数据的液相实际流量与差压值的关系曲线，并按式 (4-10) 编辑自定义函数对数据进行拟合，结果如图 4-16 ~ 图 4-18所示。

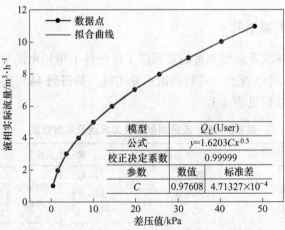

图 4-16　第一次实验液相实际流量与差压值关系拟合曲线

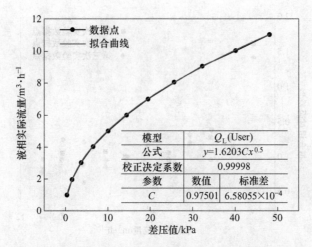

图 4-17 第二次实验液相实际流量与差压值关系拟合曲线

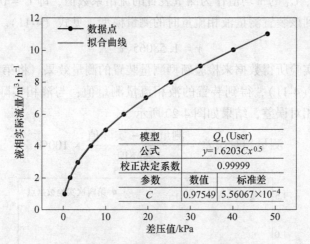

图 4-18 第三次实验液相实际流量与差压值关系拟合曲线

从图 4-16~图 4-18 中可以看出，三次实验所得数据的拟合效果均较好，相关系数 R^2 均在 0.999 以上，拟合优度较高。

分别将三次实验所得差压值及拟合得到的相应流出系数值（ C_1 = 0.97608，C_2 = 0.97501，C_3 = 0.97549）代入式（4-10），求得液相流量拟合值，进而求出液相流量的拟合相对误差，拟合相对误差分布如图 4-19 所示。

由图 4-19 可以看出，三次实验所有工况点的液相流量拟合相对误差在±1.65%以内，当液相流量大于 $2m^3/h$ 时，拟合相对误差在±0.4%以内，进一步证明了数据拟合效果好，新型测量装置的流出系数值稳定，可以认为是一个定值。

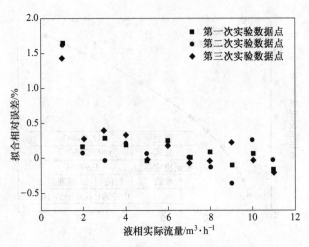

图 4-19　液相流量拟合相对误差分布

取 C_1、C_2、C_3 的平均值作为测量装置的流出系数值，即 $C = 0.97553$，代入式 （4-10） 得到该装置测量液相流量时的测量模型，见式 （4-11）。

$$y = 1.58065\sqrt{x} \qquad\qquad (4\text{-}11)$$

用第四次实验所得数据来检验新型测量装置的测量效果。将第四次实验所得差压值代入式 （4-11），得到装置的液相流量测量值；与液相实际流量值比较，并计算测量的相对误差，结果如图 4-20 所示。

$$测量相对误差 = \frac{测量值 - 实际值}{实际值} \times 100\% \qquad\qquad (4\text{-}12)$$

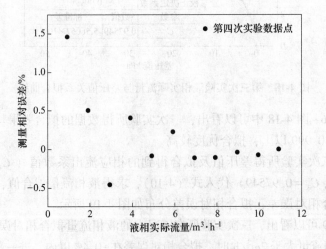

图 4-20　液相流量的测量相对误差分布

由图 4-20 可以看出，新型测量装置的液相流量测量相对误差在 ±1.47% 以内。当液相流量大于 2m³/h 时，测量相对误差在 ±0.51% 以内，装置的测量效果较好。

液相流量较小时测量误差较大的原因是：当液相流量较小时，液相流过节流装置产生的有效差压值较小，沿程阻力带来的压力损失影响相对增大，导致测量误差增大。

4.4.2 泡状流相含率与流量测量结果

4.4.2.1 泡状流相含率测量

根据气液两相流流型在水流量范围 8~11m³/h，气流量范围 0.12~0.6m³/h 内设置 35 个工况点，进行 3 次重复实验，共得到 105 组实验数据，工况点设置见表 4-4。

表 4-4 工况点设置情况

工况点	预期水流量 /m³·h⁻¹	预期气流量 /m³·h⁻¹	工况点	预期水流量 /m³·h⁻¹	预期气流量 /m³·h⁻¹	工况点	预期水流量 /m³·h⁻¹	预期气流量 /m³·h⁻¹
1	8	0.12	13	9	0.36	25	10	0.6
2	8	0.24	14	9	0.48	26	10.5	0.12
3	8	0.36	15	9	0.6	27	10.5	0.24
4	8	0.48	16	9.5	0.12	28	10.5	0.36
5	8	0.6	17	9.5	0.24	29	10.5	0.48
6	8.5	0.12	18	9.5	0.36	30	10.5	0.6
7	8.5	0.24	19	9.5	0.48	31	11	0.12
8	8.5	0.36	20	9.5	0.6	32	11	0.24
9	8.5	0.48	21	10	0.12	33	11	0.36
10	8.5	0.6	22	10	0.24	34	11	0.48
11	9	0.12	23	10	0.36	35	11	0.6
12	9	0.24	24	10	0.48			

将第一次实验数据中的标准表数据与实验环境参数代入式（4-13）求得各工况点下的液相体积含率，作为液相体积含率实际值。

$$\beta_1 = \frac{Q_1}{Q_1 + \dfrac{(101.3 + p_g) \times Q_g \times (273.2 + T_b)}{(273.2 + T_g) \times (101.3 + p_b)}} \tag{4-13}$$

式中，Q_1 为液相体积流量；Q_g 为气相体积流量；p_g 为气路压力，kPa；T_g 为气路温度，℃；p_b 为实验管段背景压力，kPa；T_b 为实验管段背景温度，℃。

利用 A、B 两组近红外接收探头接收到的空管状态及工况点的光强信号均值数据 $\overline{I_{A0}}$、$\overline{I_{B0}}$、$\overline{I_{Ar}}$、$\overline{I_{Br}}$，求得信号比值 η。

$$\eta = \frac{\overline{I_{Ar}} + \overline{I_{Br}}}{\overline{I_{A0}} + \overline{I_{B0}}} \qquad (4\text{-}14)$$

绘制信号比值与液相体积含率的关系曲线，如图 4-21 所示。

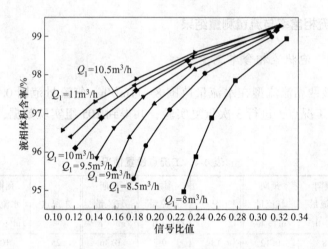

图 4-21   信号比值与液相体积含率的关系曲线

可以看出，信号比值与液相体积含率的数值关系并不满足拟合模型函数——对应的映射关系。但依据液相流量的不同，关系曲线有规则地依次排布，且每条曲线均表现出对数函数关系特征。分析其中的原因，应为实验工况点下的气相流量较小而液相流量较大，液相流量值的改变对泡状流中的气泡尺度和分布规律产生了较大的影响，改变了流动模型中每层气泡对光束的衰减系数及气泡层数。因此区别液相流量点的不同，将实验数据按照拟合模型分开拟合，拟合结果如图 4-22～图 4-28 所示。

由上述拟合结果可以看出，分开拟合效果较好，相关系数 R^2 均大于 0.99。

对比实验数据的拟合结果与理论推导所得拟合模型发现，所设置的全部工况点的信号比值与液相体积含率不能只用一个待定系数为定值的模型来表示关系特征；但对于液相流量相同的工况点，信号比值与液相体积含率关系符合理论分析所得拟合模型，拟合优度较高。因此，可从液相流量值与拟合模型中的待定系数之间的关系入手展开分析。

为进一步探究待定系数与液相流量之间的关系，将各液相流量点下拟合得到的待定系数汇总见表 4-5，并按照式（4-15）求出各待定系数的变异系数。

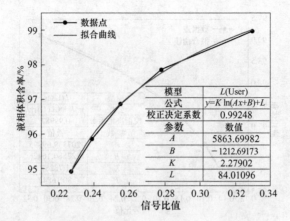

图 4-22 液相流量为 8m³/h 拟合曲线

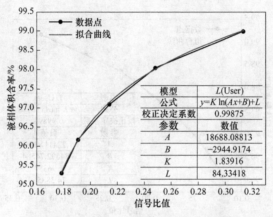

图 4-23 液相流量为 8.5m³/h 拟合曲线

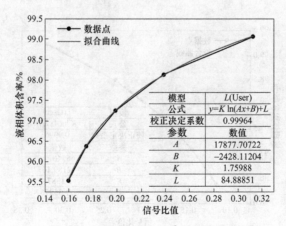

图 4-24 液相流量为 9m³/h 拟合曲线

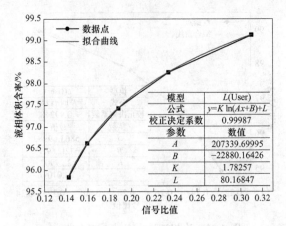

图 4-25　液相流量为 9.5m^3/h 拟合曲线

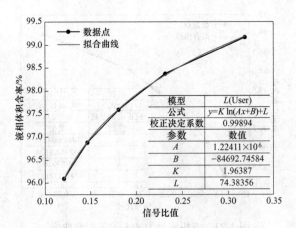

图 4-26　液相流量为 10m^3/h 拟合曲线

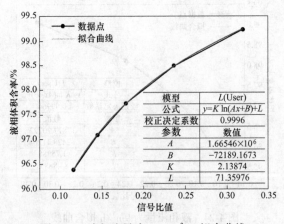

图 4-27　液相流量为 10.5m^3/h 拟合曲线

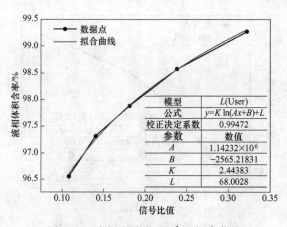

图 4-28 液相流量为 11m³/h 拟合曲线

$$c_v = \frac{\sqrt{\dfrac{\sum\limits_{i=1}^{i=N}(X_i - \overline{X})^2}{N}}}{\overline{X}} \tag{4-15}$$

式中，c_v 为 X 的变异系数（离散系数）；X_i 为变量值；$\overline{X}$ 为总体均值；N 为变量总体个数。

表 4-5　拟合获得待定系数汇总表

液相流量/m³·h⁻¹	A	B	K	L
8	5863.6998	-1212.6917	2.2790	84.0110
8.5	18688.0881	-2944.9174	1.8392	84.3342
9	17877.7072	-2428.1120	1.7599	84.8885
9.5	207339.7000	-22880.1643	1.7826	80.1685
10	1224110.0000	-84692.7458	1.9639	74.3836
10.5	1665460.0000	-72189.1673	2.1387	71.3598
11	1142320.0000	-2565.2183	2.4438	68.0028
平均值	611665.5993	-26987.5738	2.0296	78.1640
变异系数	1.0192	-1.1913	0.0928	0.0652

由表 4-5 可以看出，待定系数 A 和 B 的变异系数的绝对值较大，均大于 1；而待定系数 K 和 L 的变异系数的绝对值较小，均小于 0.1，说明 K 和 L 的量值波动小而 A 和 B 的量值波动较大。为进一步探究待定系数与液相流量之间的关系，拟将待定系数 K 和 L 取均值作为固定系数，建立新的拟合模型见式（4-16），对实验数据区别液相流量值分开拟合，结果如图 4-29~图 4-35 所示。

$$y = 2.0296 \times \ln(Ax + B) + 78.1640 \tag{4-16}$$

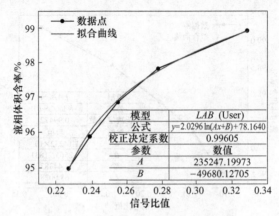

图 4-29　液相流量为 8m³/h 拟合曲线

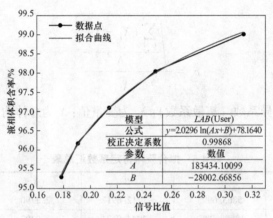

图 4-30　液相流量为 8.5m³/h 拟合曲线

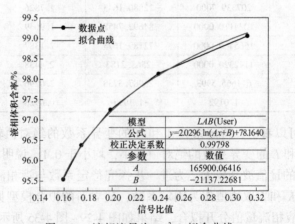

图 4-31　液相流量为 9m³/h 拟合曲线

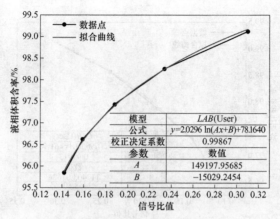

图 4-32 液相流量为 9.5m³/h 拟合曲线

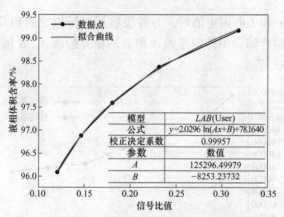

图 4-33 液相流量为 10m³/h 拟合曲线

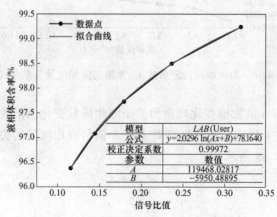

图 4-34 液相流量点 10.5m³/h 拟合曲线

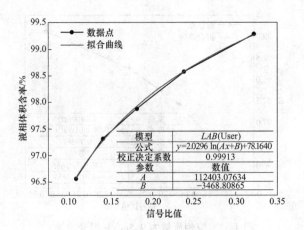

图 4-35   液相流量点 11m³/h 拟合曲线

　　将待定系数 K 和 L 取固定值后，对各段数据进行拟合的相关系数 R^2 也均在 0.99 以上。统计拟合结果中待定系数 A 和 B 的值并绘制 A、B 值与液相流量的关系曲线，如图 4-36 所示。

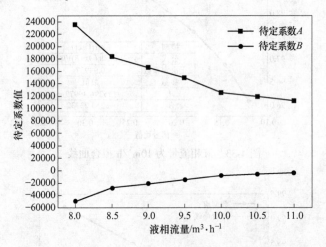

图 4-36   拟合所得待定系数 A、B 值与液相流量关系曲线

　　待定系数 A 和 B 的数值变化规律为关于液相流量变化的指数函数，分别利用式（4-17）和式（4-18）为拟合模型对 A 和 B 值与液相流量的关系进行拟合，结果如图 4-37 和图 4-38 所示。

$$y = e^{a+bx} + c \tag{4-17}$$

$$y = -e^{a+bx} + c \tag{4-18}$$

　　两次拟合结果的相关系数 R^2 均在 0.98 以上，则待定系数 A 和 B 可用关于液

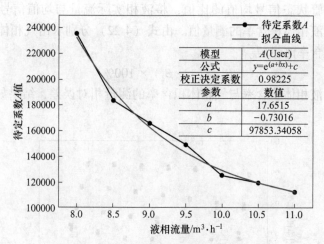

图 4-37 待定系数 A 值与液相流量拟合曲线

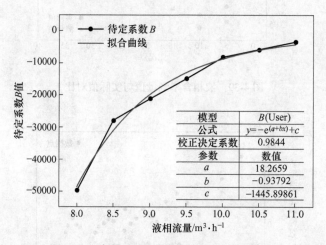

图 4-38 待定系数 B 值与液相流量拟合曲线

相流量值的函数表示为式（4-19）和式（4-20），液相体积含率的测量模型为式（4-21）。

$$A = e^{17.6515-0.7302Q_1} + 97853.3406 \tag{4-19}$$

$$B = - e^{18.2659-0.9379Q_1} - 1445.8986 \tag{4-20}$$

$$\beta_1 = 2.0296\ln\big[\,(e^{17.6515-0.7302Q_1} + 97853.3406)\eta - (e^{18.2659-0.9379Q_1} + 1445.8986)\,\big] + 78.1640 \tag{4-21}$$

　　将第二次实验数据作为验证数据，以此检验利用新装置与新模型测量相含率的效果。利用第二次实验标准表数据与实验环境参数，由式（4-13）求得各工况点的液相体积含率，作为液相体积含率实际值；由式（4-14）求得接收探头光强信号均值与空管状态信号均值的比值，将液相实际流量与均值信号比值代入式（4-21），求得液相体积含率的测量值。由式（4-22）分别求出气相体积含率实际值与气相体积含率测量值。

$$\beta_g = (1 - \beta_1) \times 100\% \tag{4-22}$$

分别计算液相体积含率与气相体积含率的测量相对误差，结果如图 4-39~图 4-42 所示。

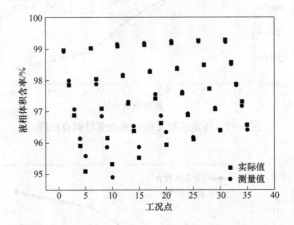

图 4-39　液相含率测量值与实际值对比

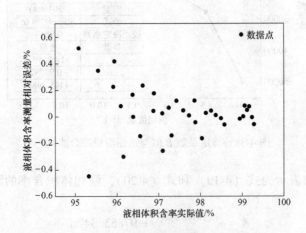

图 4-40　液相含率测量相对误差分布

从液相体积含率与气相体积含率的测量相对误差分布可以看出，基于新的测量模型利用新型测量装置对泡状流工况下的分相体积含率的测量达到了较好的效果，其液相体积含率测量相对误差在±0.52%以内，气相体积含率测量相对误差在±10%以内。

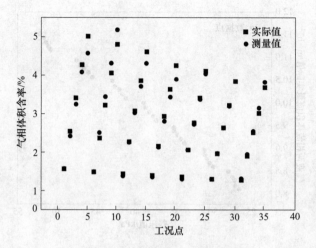

图 4-41 气相含率测量值与实际值对比

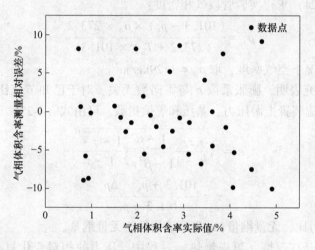

图 4-42 气相含率测量相对误差分布

4.4.2.2 泡状流流量测量

将第一次实验数据中的标准表数据及实验环境参数代入式（4-23）中，作为实验管段处气液两相流总的体积流量的实际值。

$$Q_w = Q_1 + \frac{(101.3 + p_g) \times Q_g \times (273.2 + T_b)}{(273.2 + T_g) \times (101.3 + p_b)} \tag{4-23}$$

差压变送器测量得到的差压值与气液两相流总的体积流量关系如图 4-43 所示。

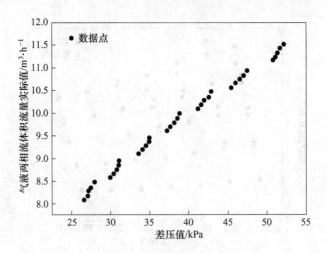

图 4-43 差压值与气液两相流总的体积流量关系

按式（4-24）求得实验管段气相密度：

$$\rho_g = \frac{(101.3 + p_b) \times \rho_0 \times 273.2}{(273.2 + T_b) \times 101.3} \tag{4-24}$$

式中，ρ_0 为标况下空气密度，取 $\rho_0 = 1.29 \text{kg/m}^3$。

理论与研究表明，膨胀系数 ε 与雷诺数无关，对于已知节流比的节流装置，ε 只取决于节流装置上游压力、差压和等熵指数。可由式（4-25）计算求得。

$$\varepsilon = \sqrt{\frac{\kappa \tau^{\frac{2}{\kappa}}}{\kappa - 1} \frac{1 - \beta^4}{1 - \beta^4 \tau^{\frac{2}{\kappa}}} \frac{1 - \tau^{\frac{\kappa-1}{\kappa}}}{1 - \tau}} \tag{4-25}$$

$$\tau = \frac{101.3 + p_b - \Delta p_w}{101.3 + p_b} \tag{4-26}$$

式中，τ 为压力比，无量纲量；κ 为等熵指数，无量纲量。

等熵指数是在等熵（可逆绝热）过程中，压力的相对变化量与密度的相对变化量的比值，本书取 $\kappa = 1.4$。

将各量值分别代入均相流模型与 James 模型流量计算公式中，求得体积流量测量值 $Q_{w(J)}$ 与 $Q_{w(James)}$，比较流量测量值与真实值的关系，并计算测量相对误差，如图 4-44 和图 4-45 所示。

观察两种模型测量结果的误差分布可以看出，由均相流模型计算所得的流量测量相对误差分布在 -17.95% ~ -8.82% 之间，由 James 模型计算所得的流量测量相对误差分布在 -17.21% ~ -7.19% 之间，且在每个工况点，James 模型的测量相对误差均小于均相流模型的测量相对误差。但进一步对比发现，如图 4-44 所示，由均相流模型计算所得的流量测量值与流量真实值的关系呈线性关系，且其测量

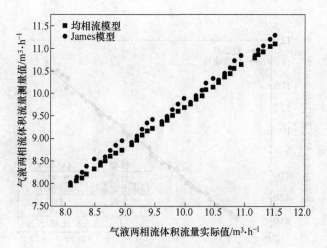

图 4-44　经典模型测量值与实际值关系

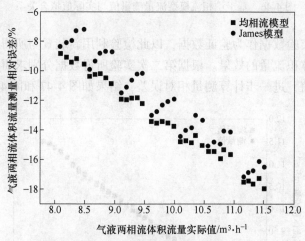

图 4-45　经典模型测量相对误差分布

相对误差均为负值，表示其测量值均小于真实值。因此，将流量测量模型在均相流模型的基础上引入修正因子 k 与 l，即流量测量模型为：

$$Q'_w = k \times Q_{w(J)} + l = k \times \frac{C\varepsilon\beta^2\pi R^2}{\sqrt{1-\beta^4}}\sqrt{\frac{2\Delta p_w\rho_g}{\frac{\rho_g}{\rho_l} + x \times \left(1 - \frac{\rho_g}{\rho_l}\right)}}\Bigg/\rho_w + l \quad (4\text{-}27)$$

利用两相流总体积流量实际值与由均相流模型计算所得的流量测量值进行拟合求解修正因子，结果如图 4-46 所示。

相关系数 R^2 为 0.99557，修正因子 $k = 1.6467$，$l = -4.14137$。

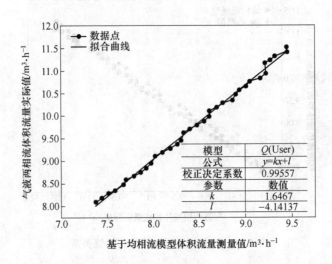

图 4-46　基于均相流模型流量测量值与实际值拟合关系

　　将第二次实验数据作为验证数据，以此检验利用新装置与所得测量模型测量气液两相流总体积流量的效果。根据第二次实验所得数据分别求得总体积流量的实际值与测量值，进一步计算测量相对误差，结果如图 4-47 和图 4-48 所示。

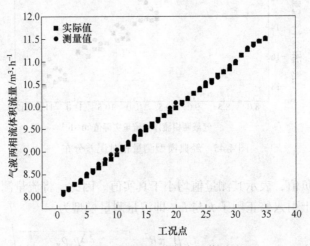

图 4-47　流量测量值与实际值对比

　　由气液两相流体积流量测量相对误差分布可以看出，测量相对误差在±1.01% 以内，测量效果较好。说明基于均相流模型引入修正因子后的测量模型对泡状流工况下的两相流体积流量测量有较好的适用性。

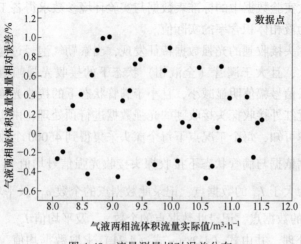

图 4-48 流量测量相对误差分布

4.4.3 弹状流相含率与流量测量实验结果

4.4.3.1 弹状流相含率测量

根据气液两相流流型在水流量范围 0.4~3m³/h、气流量范围 0.12~0.6m³/h 内设置 30 个工况点，进行 3 次重复实验，共得到 90 组实验数据，工况点设置见表 4-6。

表 4-6 工况点设置情况

工况点	预期水流量/m³·h⁻¹	预期气流量/m³·h⁻¹	工况点	预期水流量/m³·h⁻¹	预期气流量/m³·h⁻¹	工况点	预期水流量/m³·h⁻¹	预期气流量/m³·h⁻¹
1	0.4	0.12	11	0.8	0.36	21	2	0.6
2	0.4	0.24	12	0.8	0.48	22	2	0.12
3	0.4	0.36	13	0.8	0.6	23	2	0.24
4	0.4	0.48	14	0.8	0.12	24	2	0.36
5	0.4	0.6	15	0.8	0.24	25	2	0.48
6	0.6	0.12	16	1	0.36	26	3	0.6
7	0.6	0.24	17	1	0.48	27	3	0.12
8	0.6	0.36	18	1	0.6	28	3	0.24
9	0.6	0.48	19	1	0.12	29	3	0.36
10	0.6	0.6	20	1	0.24	30	3	0.48

根据第一次实验数据中的标准表数据与实验环境参数求得各工况点下的液相体积含率，作为液相体积含率的实际值。

观察接收探头接收到的光强数据特征发现，当泰勒气泡经过时，接收探头信号幅值明显增大，且大于满管（全液相）状态下的接收光强幅值；当小气泡经过时，接收探头信号幅值明显减小，且小于满管状态下的接收光强幅值。依据此特征，对两个近红外接收探头接收到的光强数据进行预处理，由实验设置的采样时间与采样频率可知，每个工况点下每个探头采集得到 45000 个数据点，将 A 探头所得实验数据依据与满管状态下接收探头接收光强信号均值 $\overline{I_{1A}}$ 的大小关系分成两类，一类为大于 $\overline{I_{1A}}$ 的数据点，记录此数据点的个数 n_{1A} 及平均值 $\overline{I_{1A}}$；一类为小于等于 $\overline{I_{1A}}$ 的数据点，记录此数据点的个数 n_{2A} 及平均值 $\overline{I_{2A}}$。对 B 探头所得数据进行同样处理，并由式（4-28）～式（4-31）求取数据均值，作为该工况点的近红外光强均值数据。

$$n_1 = \frac{n_{1A} + n_{1B}}{2} \tag{4-28}$$

$$n_2 = \frac{n_{2A} + n_{2B}}{2} \tag{4-29}$$

$$\overline{I_1} = \frac{\overline{I_{1A}} \times n_{1A} + \overline{I_{1B}} \times n_{1B}}{n_{1A} + n_{1B}} \tag{4-30}$$

$$\overline{I_2} = \frac{\overline{I_{2A}} \times n_{2A} + \overline{I_{2B}} \times n_{2B}}{n_{2A} + n_{2B}} \tag{4-31}$$

利用对每个工况点预处理后的实验数据，即可求得泰勒气泡及尾部小气泡经过时接收探头光强值与空管状态下接收光强均值的比值，及所占时间与测量时长的比值，即：

$$x_1 = \frac{\overline{I_1}}{(\overline{I_{0A}} + \overline{I_{0B}})/2} \tag{4-32}$$

$$x_2 = \frac{n_1}{45000} \tag{4-33}$$

$$x_3 = \frac{\overline{I_2}}{(\overline{I_{0A}} + \overline{I_{0B}})/2} \tag{4-34}$$

$$x_4 = \frac{n_2}{45000} \tag{4-35}$$

对第一次实验数据进行预处理后的结果，见表 4-7。

表 4-7 第一次实验数据预处理结果

工况点	液相体积含率 实际值/%	x_1	x_2	x_3	x_4
1	80.3817	0.9570	0.0889	0.3664	0.9111
2	67.0185	0.9374	0.1511	0.2698	0.8489
3	64.8506	0.9031	0.1675	0.2402	0.8325
4	49.9423	0.9150	0.1883	0.1906	0.8117
5	44.3226	0.9048	0.2232	0.1691	0.7768
6	86.0853	0.9456	0.0833	0.4379	0.9167
7	75.3901	0.9068	0.145	0.3318	0.855
8	74.0191	0.9101	0.1485	0.3164	0.8515
9	60.2113	0.9303	0.1668	0.2405	0.8332
10	55.0499	0.9309	0.2046	0.2204	0.7954
11	89.1332	0.9031	0.0776	0.4343	0.9224
12	80.2426	0.9428	0.1169	0.4082	0.8831
13	78.8162	0.9416	0.1531	0.3504	0.8469
14	66.4519	0.9238	0.1968	0.2562	0.8032
15	61.2899	0.9364	0.2063	0.2291	0.7937
16	91.1813	0.9016	0.0601	0.4507	0.9399
17	83.6227	0.9186	0.1072	0.3961	0.8928
18	82.448	0.9366	0.1353	0.3622	0.8647
19	71.8067	0.943	0.1756	0.2995	0.8244
20	66.8862	0.9438	0.1933	0.3023	0.8067
21	95.1858	0.7076	0.0365	0.4688	0.9635
22	91.141	0.7927	0.0562	0.4297	0.9438
23	90.41	0.7806	0.0958	0.3995	0.9042
24	83.5648	0.8126	0.0792	0.3838	0.9208
25	80.2423	0.8229	0.103	0.3327	0.897
26	96.8193	0.5777	0.0068	0.4661	0.9932
27	93.8117	0.5992	0.0143	0.4383	0.9857
28	93.437	0.6363	0.0292	0.4053	0.9708
29	88.5642	0.6341	0.0336	0.3707	0.9664
30	86.1938	0.6963	0.0373	0.333	0.9627

利用 SPSS 软件，对所得数据进行多元非线性回归分析，将光强信号比值及

时间占比作为自变量，将液相体积含率实际值作为因变量，相关系数见式 (4-36)，它们之间具有的关系见式 (4-37)。

迭代收敛后，得到待定系数值为 $a = -288.32033$，$b = 10.65241$，$c = 24.02048$，$d = 13.0537$，$e = 89.85401$，$f = -11.45341$。方差分析见表 4-8。

表 4-8 方差分析

来源	df	平方和	均方
回归	6	186396.6654	31066.1109
残差	24	92.7126	3.8630
未校正总数	30	186489.3780	
校正后总数	29	5755.8650	

计算相关系数：

$$R^2 = 1 - \frac{残差平方和}{校正平方和} = 0.9839 \tag{4-36}$$

则弹状流工况下的液相体积含率测量模型为：

$$y = (-288.3203\ln x_1 + 10.6524)x_2 + [24.0205 \times$$
$$\ln(89.8540x_3 - 11.4534) + 13.0537]x_4 \tag{4-37}$$

将第二次实验所得近红外接收光强数据进行相同的预处理，把处理得到的数据代入式 (4-37) 求得各工况点下的液相体积流量测量值。根据标准表数据与实验环境参数求得各工况点的液相体积含率，作为液相体积含率实际值。由式 (4-22) 分别求得气相体积含率的测量值与实际值，进一步求得测量相对误差，结果如图 4-49~图 4-52 所示。

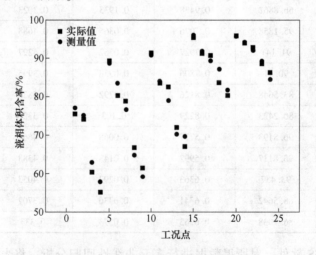

图 4-49 液相含率测量值与实际值对比

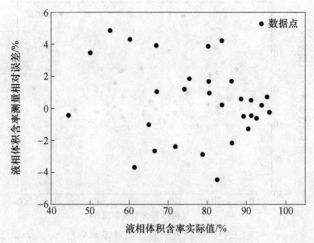

图 4-50　液相含率测量相对误差分布

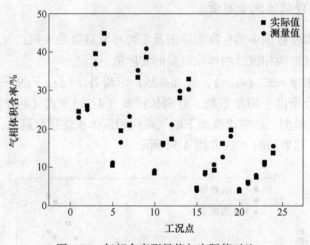

图 4-51　气相含率测量值与实际值对比

　　由弹状流工况下的分相体积含率测量相对误差分布可以看出，液相体积含率测量相对误差在±4.85%以内，气相体积含率测量相对误差在±21.61%以内。

　　与泡状流工况下相含率的测量效果相比，弹状流工况下的测量相对误差较大。分析原因，认为对弹状流的流动模型建立不够准确，找到了弹状流流型的主要特征，却没有对其流动细节具体分析。此外，弹状流不能像泡状流一样作为均相流动模型处理，分段处理近红外光强数据要依据流动过程中弹状流截面相含率的分布情况，而此值难以由已知参数条件及其他测量手段获得，这是难以准确建立弹状流测量模型的一个客观因素。

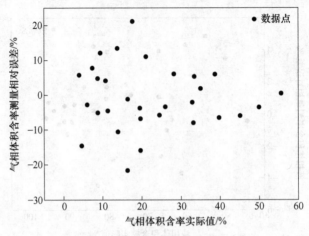

图 4-52　气相含率测量相对误差分布

4.4.3.2　弹状流流量测量

将第一次实验数据中的标准表数据及实验环境参数带入到式（4-37）中，作为实验管段处气液两相流总的体积流量的实际值。

将实验数据带入式（4-24），式（4-25）求得各工况点下的干度、实验管段气相密度、混合密度、膨胀系数。分别依据式（4-35）~式（4-37）求得分相流模型、Murdock 模型、林宗虎模型下的气液两相流体积流量测量值，记为 $Q_{w(F)}$、$Q_{w(M)}$、$Q_{w(L)}$，结果如图 4-53 和图 4-54 所示。

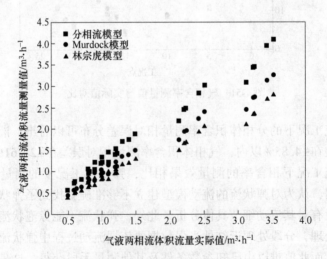

图 4-53　经典模型测量值与实际值关系

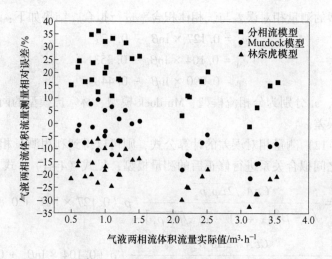

图 4-54 经典模型测量相对误差分布

观察 3 种模型下两相流体积流量测量相对误差分布可以看出，由 3 种测量模型直接求得的两相流体积流量测量相对误差均较大；但 3 种模型的测量相对误差有相似的分布规律，即在相同的液相流量点，随着气相流量的增大，其测量值较实际值有逐渐偏大的变化趋势，测量相对误差与气相体积含率的关系如图 4-55 所示。

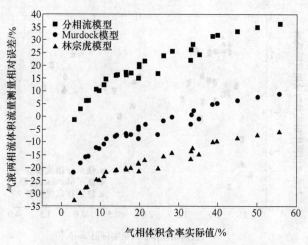

图 4-55 测量相对误差与气相体积含率关系

由图 4-55 可以看出，3 种模型的测量相对误差与气相体积含率之间有一定的关系，因此拟从测量相对误差与气相体积含率之间的关系对测量模型进行修正。

图 4-55 中的测量相对误差与气相体积含率的关系呈现出对数函数规律，分

别对 3 种模型的测量相对误差与气相体积含率进行拟合，结果如下：

$$e_F = 0.127 \times \ln\beta_g - 0.177 \tag{4-38}$$

$$e_M = 0.104 \times \ln\beta_g - 0.353 \tag{4-39}$$

$$e_L = 0.090 \times \ln\beta_g - 0.448 \tag{4-40}$$

式中，e_F，e_M，e_L 分别为分相流模型、Murdock 模型、林宗虎模型的两相流体积流量测量相对误差。

由式（4-12）测量相对误差的计算公式，则可以得到利用测量相对误差与气相体积含率之间拟合关系进行修正后的测量模型，见式（4-41）~式（4-43）。

$$Q'_{w(F)} = \frac{C\varepsilon A \sqrt{2\Delta p_w \rho_g}}{\sqrt{1-\beta^4}\left[x + (1-x)\sqrt{\rho_g/\rho_1}\right]} \bigg/ \rho_w(0.127 \times \ln\beta_g + 0.823) \tag{4-41}$$

$$Q'_{w(M)} = \frac{C\varepsilon A \sqrt{2\Delta p_w \rho_g}}{\sqrt{1-\beta^4}\left[x + 1.26(1-x)\sqrt{\rho_g/\rho_1}\right]} \bigg/ \rho_w(0.104 \times \ln\beta_g + 0.647)$$

$$\tag{4-42}$$

$$Q'_{w(L)} = \frac{C\varepsilon A \sqrt{2\Delta p_w \rho_g}}{\sqrt{1-\beta^4}\left[x + \theta(1-x)\sqrt{\rho_g/\rho_1}\right]} \bigg/ \rho_w(0.090 \times \ln\beta_g + 0.552) \tag{4-43}$$

将第一次实验数据带入修正后的测量模型中，计算两相流体积流量测量值，并求得测量相对误差，如图 4-56 所示。

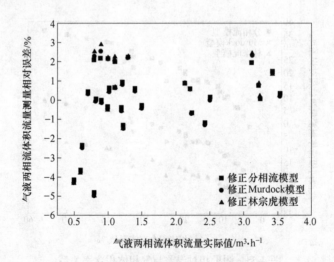

图 4-56　修正后模型的测量相对误差分布

为了进一步比较 3 种修正后模型的适用性，这里引入平均误差、最大误差及均方根误差，其计算式分别如下：

平均误差：

$$\bar{e} = \frac{1}{n} \sum_{i=1}^{n} |e_i| \qquad (4\text{-}44)$$

最大误差：

$$e_{max} = |e_i|_{max} \qquad (4\text{-}45)$$

均方根误差：

$$e_{\delta} = \sqrt{\frac{1}{n} \sum_{i=1}^{n} e_i^2} \qquad (4\text{-}46)$$

分别计算 3 种修正后模型的测量平均误差、最大误差及均方根误差，见表 4-9。

表 4-9　修正后模型的误差值 （%）

修正模型	分相流模型	Murdock 模型	林宗虎模型
平均误差	1.317335	1.371942	1.409064
最大误差	4.834668	4.981341	4.973985
均方根误差	1.795265	1.872939	1.912623

表 4-9 中的结果显示，由分相流模型进行修正后的测量模型所得的测量平均误差、最大误差、均方根误差均较小，因此以式（4-43）作为测量装置在弹状流工况下的测量模型。

将第二次实验数据带入式（4-22）与式（4-43），分别求得总体积流量的实际值与测量值，进一步计算测量相对误差，结果如图 4-57 和图 4-58 所示。

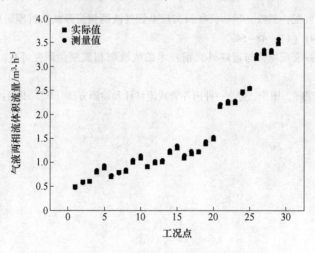

图 4-57　流量测量值与实际值对比

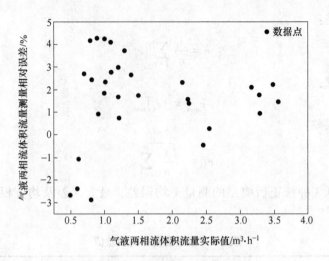

图 4-58　流量测量相对误差分布

　　利用修正后测量模型得到的气液两相流体积流量测量相对误差在 ±4.26% 以内。观察测量相对误差分布还发现，在两相流体积流量小于 $2m^3/h$ 的工况点，测量相对误差较大，这与单相水流量测量实验结果吻合，误差较大的原因同样是在流量较小的工况点，沿程阻力带来的压力损失对差压变送器测量的差压值变得不可忽略。

参 考 文 献

[1] 方立德，王配配，王松，等. 长喉颈文丘里管气液两相流弹状流机理研究 [J]. 计量学报，2020，41（1）：48~54.

[2] 田季. 长喉颈文丘里管与近红外光谱技术的气液两相流测量研究 [D]. 保定：河北大学，2018.

[3] 方立德，吕晓晖，田季，等. 一种内外管式流量计及检测方法 [P]. 中国：CN106482795B，2019-07-16.

5 基于矩形差压流量计的近红外系统结构优化及测量模型

5.1 概述

5.1.1 气液两相流动研究现状

对流量、相含率的测量和流型的识别是两相流研究中最重要的部分，但是由于其流动的复杂性，目前两相流参数测量研究仍处在探索阶段。

目前两相流体的参数检测按照技术路线可分为三类：

第一类方法为技术融合法，包括电子计算机断层扫描成像法（CT）、放射性粒子示踪技术、极谱法、床层塌落法（DGD）、高速摄像法、超声波多普勒测速法等，原理是将其他领域发展成熟的技术与多相流测量相结合，设计新型传感器。例如孟振振将文丘里管与电导传感器相结合，通过支持向量机方法识别流型；Libert 等利用电容传感器测量不同流量的孔隙率。这种方法原理成熟，有利于技术突破，开辟参数测量新方法，是多相流检测的发展方向。

第二类方法是软测量方法，例如 Saether 等人利用分形理论得到了 Hurst 指数与水平管弹状流中液弹长度分布的关系；Jian Zhang 等人使用 U 形管测量油水两相流的压力降信号，得到了油相体积含率与流速的关系。

第三类方法是使用传统的单相流检测装置进行两相流测量，传统的单相流检测装置包括差压式流量计、容积式流量计、质量流量计、速度式流量计等，这些流量计性能稳定，测量精确。想要得到一定精度的流量与相含率等特征参数，一种方法是将流量计与两相流的经验模型如均相流模型、比松模型等以及基于差压与压损比的关系的相含率模型相结合。例如许鹏在 V 锥流量计的基础上设计了双锥流量计，通过分相流模型建立了总流量测量公式，通过无量纲参数分析法建立了单相含率与差压波动信号的关系；另一种方法是多种流量计组合，Huang、李强伟和 Meng 等人的主要研究内容是将电容层析成像技术与文丘里管模型相结合，之后利用新模型来识别油气两相流的流型以及测量孔隙率。第三类方法具有结构和检测原理简单，测量准确度高的优点，所以一直是两相流测量的重点。

相含率也是反映两相流动的关键参数，它的测量精度直接反映分相流量的测量精度，因此相含率检测技术研究是理论研究的迫切需求。目前相含率的测量方法有：（1）直接测量法，例如赵安等人提出一种快关阀法优化设计方案，通过改变快关阀间距提高段塞流持气率测量进度。（2）电阻抗法，通过两相流电阻抗的变化得到含率信息。吕颖超设计了一种新型非接触式电阻抗传感器，利用完整电阻抗信息实现气液两相流参数测量。任宇天针对油水两种介质电导率的不同，完成了基于同轴电导传感器测量原油含水率的研究。（3）射线吸收法，经过两相流的射线衰减程度受相含率影响，但该测量方法设备维护成本高，且存在辐射危险。（4）过程层析成像法，最初主要用于医疗领域。其原理是测量某个与相含率有关的参数的变化，测量时获取该管段某一直径方向不同角度的参数信息，得到参数变化的均值，采用算法重建相含率分布。但该测量方法所用时间长，重建算法复杂。（5）光学法的测量原理是根据介质折射率的不同，利用光纤探针得到局部体积含率，是一种浸入式测量方法。

5.1.2　差压流量计与近红外检测技术

　　利用差压流量计是目前流量测量最可靠的方法，差压流量计类别有很多，如内锥、外锥、文丘里、孔板、内外管等。2014 年林棋借助流体仿真研究了流体通过差压流量计缩径管段后的流动情况，获得了不同工况下内部流场的变化规律，探讨了孔板流量计的冲蚀问题并且验证了数值模拟的可靠性。2016 年董卫超根据均速管流量计工作原理设计了一种半管插入式流量计，具有更好的通用性，同时大幅度提高测量精度。针对本研究的矩形管道，目前尚未有成型的差压流量计，已有的对于矩形管道的研究方向：一是流型识别。Sadatomi 等人对水力直径大于 10mm 的几种矩形管道进行了研究，观察并对比了管道内气液两相流的多种流型及流型间的转变界限。郭亚军等人研究了水力直径为 10mm 和 15mm 的矩形通道内气液两相流的垂直向上流动，观察到了泡状流、弹状流、搅混流、环状流和弥散泡状流等常见流型。结果表明，流道截面形状与水力直径大小影响两相流流型及转变界限。二是截面含率，J. Sowinski 实验研究了窄微小垂直通道内气液两相流动中的流速与气体空隙率。通过定义气体速度和气体空隙率，建立气体空隙率与分布参数的关系式。

　　近红外光具有不受电磁干扰与光强的影响、穿透能力强且传输距离远、可在零照度下工作等优点，因此近红外光检测被广泛应用在农业、食品、化工、医学等行业。目前已有人利用近红外光检测技术进行多相流中相含率检测。2007 年宋涛等人根据水对特定波长近红外光有活性吸收特性，设计研制了含水率测量系统，并通过实验提出完善方案。结果表明，近红外检测技术在含水率测量方面具有得天独厚的优势。2012 年邓孺孺、何颖清等设计了一种可用于测量纯水吸收系数的新装置，测量了不同厚度水层的消光系数，得到了纯水在 400~900nm 波段的吸收系数。2014 年方立德等使用波长为 980nm 激光二极管和硅光电二极管，对水平及垂直流向进行了实时在线测量，能很好地反映气液界面的波动情况及流型。基于河北大学多相流实验平台，已经完成多项关于相含率测量的研究，2014 年梁玉娇通过静态及动态实验确定了近红外光的波长，得到了液相含率的估计值拟合公式。2016 年李明明设计了两种气液两相流相含率检测装置。基于以上众多研究可知，采用近红外检测技术进行气液两相流的相含率检测是十分可行的。

5.1.3　气液两相流的特性参数

对于单相流体，可以用流速、流体温度、管道压力、质量流量等特性参数描述，而所有描述两相流的参数公式都建立在单相流的基础上。但是，由于气液两相流动中呈现复杂的不规律变化，流动机理更复杂，需要引入一些新的参数，常用的有以下几种。

5.1.3.1　体积流量 Q

体积流量 Q 存在如下关系：

$$Q = Q_g + Q_1 \tag{5-1}$$

式中，Q_g 为气相体积流量；Q_1 为液相体积流量；Q 为两相总体积流量。总体积流量是两相体积流量之和。

5.1.3.2　质量流量 m

单位时间内流过管道横截面的气液两相流体的总质量称为质量流量，用 m 表示。m_g 是气相质量流量，m_1 是液相质量流量，总质量流量是分相质量流量之和，即

$$m = m_g + m_1 \tag{5-2}$$

5.1.3.3　含气率与含液率

A　体积含气率与体积含液率

体积含气率用 β_g 表示，定义是气相体积流量 Q_g 与总体积流量 Q 之比，即

$$\beta_g = \frac{Q_g}{Q} = \frac{Q_g}{Q_g + Q_1} \tag{5-3}$$

同理体积含液率 $(1-\beta_g)$ 为：

$$1 - \beta_g = \frac{Q_1}{Q} = \frac{Q_1}{Q_g + Q_1} \tag{5-4}$$

B　质量含气率与质量含液率

质量含气率又称干度，用 x 表示，是流过管道中的气相质量流量 m_g 与总质量流量 m 之比，即

$$x = \frac{m_g}{m} = \frac{m_g}{m_g + m_1} \tag{5-5}$$

同理质量含液率（1-x）（也称湿度）为：

$$1 - x = \frac{m_1}{m} = \frac{m_1}{m_g + m_1} \tag{5-6}$$

C 截面含气率与截面含液率

$$\alpha = \frac{A_g}{A} = \frac{A_g}{A_g + A_1} \tag{5-7}$$

$$1 - \alpha = \frac{A_1}{A} = \frac{A_1}{A_g + A_1} \tag{5-8}$$

式中，α 与（$1-\alpha$）分别是截面含气率与截面含液率，定义是各单相在管道内的流通面积与管道截面积之比。

5.1.3.4 速度

A 真实速度

真实速度的定义是体积流量与流通面积之比，分为气相真实速度和液相真实速度。

$$u_g = \frac{Q_g}{A_g} \tag{5-9}$$

$$u_1 = \frac{Q_1}{A_1} \tag{5-10}$$

B 表观速度

表观速度的定义是假设两相流动中的某一相占据全部管道流通面积时的速度，同样分为气相表观速度与液相表观速度。

$$u_{sg} = \frac{Q_g}{A} \tag{5-11}$$

$$u_{sl} = \frac{Q_1}{A} \tag{5-12}$$

5.2 新型矩形气液两相流检测装置设计

5.2.1 概述

近几年来对近红外光谱吸收特性进行的研究，证明了利用近红外法测量相含率是切实可行的。原有的实验装置为 DN50 的圆形管道，测量管段为不锈钢管道内嵌套有机玻璃管，近红外探头垂直安装在测量管段上，如图 3-11 所示。这种近红外检测探头径向安装方式存在一些问题。首先，近红外光在通过不同介质时的折射角不一致，近红外发射探头发射平行光，而圆形有机玻璃管道具有弧度，所以近红外光在接触有机玻璃外壁时会产生折射，在透过有机玻璃与流体界面时又产生折射与反射，导致近红外接收探头不能完全接收衰减后的近红外光；其次，原有的探头布置方式为两两相隔 45°，存在探头之间流体没有完全被近红外光照射，而流体中心又被多次重复照射的情况，造成了数据的缺失和冗余，对数据准确性造成一定影响。

针对这些问题，本研究首先提出实验管段采用矩形管道替代圆形管道，在矩形管道的相对两面上安装玻璃视窗，令视窗宽度与矩形管道的内边长一致，将近红外发射探头垂直安装在玻璃视窗上，这样确保了近红外光垂直进入管道内，在不同介质界面不产生折射，垂直照射流体；其次定制矩形面光源作为近红外发射装置，令面光源发光面积大小与玻璃视窗保持一致，以解决存在流体不被照射与多次重复照射的问题，达到提高数据准确性与测量精度的目的。

针对矩形管道，提出并设计一种新型矩形差压流量计，用来进行单相流量与两相流流量测量，结合近红外相含率检测装置，得到一种两相不分离测量检测装置。使用 CFD 流体仿真软件模拟管道内流体的流动状态，根据管道内压力、速度的变化对设计的结构进行仿真优化，最终达到设计目的。

5.2.2 新型矩形气液两相流检测装置设计方案

在理论分析的基础上结合对 CFD 流体仿真软件的应用，对流体流动进行模拟仿真。通过设置需要的实验参数，改变装置结构，可以得到流场内诸如速度、压力、流动状态等状态参数，省时省力，得到的仿真数据可以作为装置设计的参考，如图 3-4 所示。

（1）依据节流式差压流量计设计原理、近红外检测技术原理、机械加工原理，确定装置的大致形状。以本研究为例，需要确认节流件形状、近红外检测装置的安装位置和取压孔的位置。

（2）使用 CFD 流体仿真软件对检测装置内流体的流动情况进行仿真，得到流场内流体的速度矢量、压力、有无回流等信息。通过仿真数据对比，选择最优方案，确定具体的节流件结构和取压孔的位置。

（3）根据确定的仿真结构，设计近红外检测装置，得到两相流检测装置。在高精度多相流实验平台进行实流检测，如果满足实验要求，则可以进行下一步实验；如果实验结果与仿真结果不符，那么需要设计装置新结构，重新进行仿真。

5.2.3 新型矩形气液两相流检测装置的基本结构

本书设计的新型矩形两相流检测装置，将原先的点对点探头安装方式改为视窗面安装，在减少折射的同时提高了测量精度。为了能够同时测量相含率与流量，需要先设计适用于矩形管道的差压流量计，在此基础上再添加相含率检测装置。

目前市场上使用最广泛的是节流式差压流量计，由于其具有原理简单且适用于矩形管道、测量精度高、直管段短等优点，所以本书设计一种用于矩形管道的节流式差压流量计。

首先需要设计适用于矩形管道的节流件，矩形流量计对楔形流量计的节流件"V"形楔子进行优化，将节流件变为具有文丘里管特征的梯形结构如图 5-1 所示。这种梯形节流件可以作为矩形差压流量计的节流件。考虑到加工难度和装置长度的要求，设计一种如图 5-2 的检测装置结构。

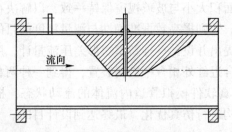

流向

图 5-1 矩形流量计结构示意图

检测装置结构描述及测量方法为：

（1）结构描述。对矩形主管道 1 按矩形流量计节流件的形状进行弯折加工，选择一面弯折会造成收缩段 6 和扩张段 7 过长，不利于装置的使用和安装，四面向内弯折会增大仿真难度与加工难度，难以确保加工精度。综合考虑选择两面对称弯折，得到收缩段 6 与扩张段 7，最终得到一个正视图类似文丘里管的节流式差压流量计，节流件为两个梯形，喉部板间距、收缩角和扩张角需要由仿真确定。图 5-2 中的箭头方向为流体流向。

矩形主管道 1 边长为 L，流体从前直管段流入后直管段的过程中，流经收缩段 6、喉部 8 及扩张段 7，收缩段 6 起到的是引流作用，扩张段 7 起到恢复压力、减小压力损失的作用，流体在喉部 8 处收缩产生压力差。在弯折的一面开取压孔并焊接取压管 3，取压孔位置分别位于距离收缩段 6 两端 0.5L 处，两个取压孔与矩形主管道 1 未弯折壁面平行。

矩形主管道 1 在喉部 8 处开有两个有机玻璃视窗 2，将近红外检测装置放置在有机玻璃视窗 2 上，既不干扰差压的测量，又减小装置长度，使装置结构紧

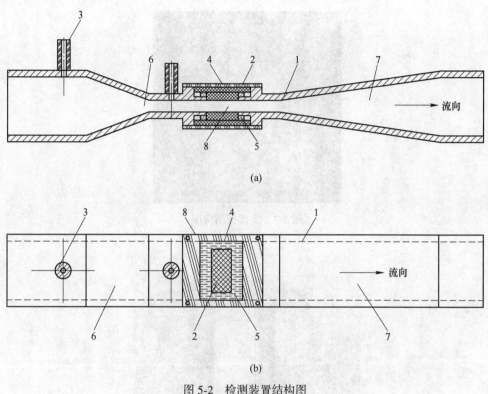

图 5-2 检测装置结构图

（a）正视图；（b）俯视图

1—矩形主管道；2—有机玻璃视窗；3—取压管；4—不锈钢支撑板；
5—橡胶垫圈；6—收缩段；7—扩张段；8—喉部

凑、提高含率信息与差压测得流量信息的关联性与可靠性，这样的双参数测量方法更为准确。视窗 2 上的有机玻璃分两层，第一层面积等于玻璃视窗，嵌入主管道 1 使其不破坏检测装置流道，第二层面积大于第一层，在两层之间添加橡胶垫圈 5，将第二层玻璃与喉部 8 管道隔离，起到减小振动与密封的保护作用。在两个有机玻璃视窗 2 外添加不锈钢支撑板 4，在喉部 8 与支撑板 4 的四个角钻螺丝孔，用螺丝压紧将有机玻璃视窗 2 固定在管道上。支撑板 4 中央开矩形孔，面积大于玻璃视窗 2 面积，由近红外检测装置发射探头与接收探头的面积确定，如图 5-3 和图 5-4 所示。

在矩形主管道 1 的两端焊接天圆地方管，天圆地方管是一种变径管，在确定圆形管道半径、矩形管道边长、高三者的情况下有确定的加工标准。焊接天圆地方管是用于连接圆形管道与矩形管道，防止两种管道交界处出现回流和小旋涡，减小沿程压力损失，若以后检测装置两端的测量管道为矩形管道则可以直接与管路相连。检测装置通过活法兰连接到实验管段上。

图 5-3　支撑板结构图

图 5-4　支撑板实物加工图

（2）测量方法。

1）矩形主管道 1 上的两个取压管 3 连接差压变送器，测量流体流经检测装置时在前直管段与喉部 8 产生的压力差值；同时通过差压变送器将差压信号发送至数据处理单元。

2）在有机玻璃视窗 2 上安装近红外发射面光源，在对应的下面安装近红外接收装置。由模拟控制器控制近红外发射面光源发出近红外光，透过有机玻璃照射喉部 8 管道内的流体，通过下侧的有机玻璃后，透过的近红外光被近红外接收装置采集；同时通过数据采集板卡将近红外光强信息接收并发送至数据处理单元。

3）不同大小流量的流体在经过节流件时产生的压力差信号是不一样的，可以根据收缩段 6 前后两端的压力差值计算竖直管道内流过的流体总流量。气液两相流的相含率不同，被采集到的近红外信息也不同，数据处理单元可以根据收到的光强信息推算流道内的各相相含率，最终达到测量目的。

5.3 矩形差压流量计仿真研究

想要确定气液两相流检测装置结构，首先需要对实验管段内的流体进行 CFD 仿真，根据仿真效果确定检测装置设计参数，之后才能在此基础上进行近红外检测装置的设计和最后的机械加工。

5.3.1 气液两相流动的基本方程

流体流动受到多种流动基本方程的控制。

5.3.1.1 质量守恒方程

质量守恒方程又称为连续方程，是所有流体流动问题都必须遵守的基本定律。

$$\frac{\partial \rho}{\partial t} + \frac{\partial(\rho u)}{\partial x} + \frac{\partial(\rho v)}{\partial y} + \frac{\partial(\rho w)}{\partial z} = 0 \tag{5-13}$$

式中，ρ 为流体密度，kg/m^3；t 为时间，s；u，v，w 为流体流动速度在 x，y 和 z 方向的分量，m/s。

5.3.1.2 动量守恒方程

动量守恒方程又称为运动方程。物理学定义为：当一个系统不受外力影响或所受外力之和为零时，这个系统的总动量保持不变，用于流体力学可以表述为流体动量的变化率等于流体所受外力之和。

$$\frac{\partial(\rho u)}{\partial t} + \text{div}(\rho u \boldsymbol{u}) = \text{div}(\mu \text{grad} u) - \frac{\partial p}{\partial x} + S_u \tag{5-14}$$

$$\frac{\partial(\rho v)}{\partial t} + \text{div}(\rho v \boldsymbol{u}) = \text{div}(\mu \text{grad} v) - \frac{\partial p}{\partial y} + S_v \tag{5-15}$$

$$\frac{\partial(\rho w)}{\partial t} + \text{div}(\rho w \boldsymbol{u}) = \text{div}(\mu \text{grad} w) - \frac{\partial p}{\partial z} + S_w \tag{5-16}$$

式中，p 为流体所受的压力，Pa；$\boldsymbol{u}$ 为流体速度矢量，m/s；μ 为流体动力黏性系数，Pa·s；S_u，S_v，S_w 为方程在 3 个方向上的体积力和黏性力。

5.3.1.3 能量守恒方程

能量守恒方程是与外界具有热交换的流体在流动过程中必须遵守的基本定律。

$$\frac{\partial(\rho T)}{\partial t} + \text{div}(\rho \boldsymbol{u} T) = \text{div}\left(\frac{k}{C_p} \text{grad} T\right) + S_T \tag{5-17}$$

式中，C_p 为流体比热容，$kJ/(kg \cdot ℃)$；T 为流体热力学温度，K；k 为流体的传热系数，$W/(m^2 \cdot \text{℃})$；S_T 为流动过程的黏性耗散。

5.3.2　计算流体动力学简介

计算流体动力学（computational fluid dynamics，简称 CFD）是流体力学的一个分支，是在流体流动方程的控制下，结合数值计算方法，对流体流动状态进行模拟的一种分析方法。CFD 流体仿真软件专门用于模拟和分析流场内存在的热传递、化学反应、参数变化等问题，广泛应用于石油、化工、污染物治理和航空航天等领域，具有操作简便、适用面广、物理参数可以通过图像实时显示等优点，工程上常利用它来进行复杂、理想情况下的数值模拟。本研究采用它来进行新型矩形差压流量计的结构优化，通过修改结构参数，获得不同结构下差压流量计内部流场的速度矢量、压力、流动状态等信息，作为装置结构设计的参考。

5.3.3　模型建立与边界条件设置

5.3.3.1　仿真模型与网格划分

根据新型矩形差压流量计的实际尺寸，建立流量计的三维仿真模型。流量计管道为矩形，实验室现有的实验管道是口径 D 为 50mm 的圆形管道，考虑到矩形管道与圆形管道的连接，圆形管道截面最好为矩形管道截面的内切圆或外接圆。由于节流式差压流量计压力差来源于管径变化，利用截面积更大的矩形管道容易进行节流件的设计，所以确定矩形管道边长 L 为 50mm。

为了使差压流量计进、出口流体的流型充分发展，在差压流量计上下游分别增加 10L 长的前后直管段。图 5-5 是建立的新型矩形差压流量计的三维仿真模型。由于采用管外取压的方式，取压孔对流体的影响十分微小，所以建模时忽略了收缩段前后的取压孔。

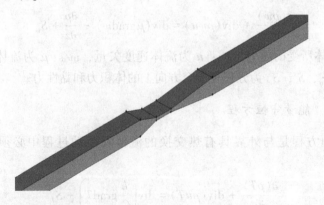

图 5-5　新型矩形差压流量计三维仿真模型

在划分网格时，将三维模型分为三个部分，前直管段、后直管段和中间的流量计节流件，前后直管段几何形状比较简单，采用六面体结构化网格；流量计节流件部分是整个装置设计的核心，所以应采用适用于复杂结构的四面体非结构化网格。为了在减少网格数量的同时不影响流量计节流件部分的网格质量，在前后直管段每隔 2L 用 interface 内部面打断，生成的小直管段按照距离流量计部件部分的远近划分网格，越接近节流件网格间距 spacing 越小，需要注意的是两两相连管段的网格大小比例不能超过 1.5，否则在仿真迭代的过程中会报错。图 5-6 是新型矩形差压流量计的网格划分效果。

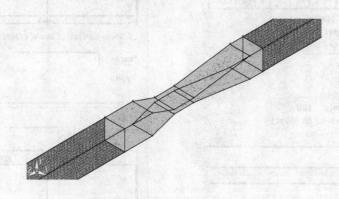

图 5-6　新型矩形差压流量计的网格划分效果

5.3.3.2　边界条件设置

网格划分完毕后需要检查网格质量，有两个指标可以判断网格质量的好坏：Equi Size Skew 与 Equi Angle Skew，它们分别代表网格尺寸变形量与网格角度变形量，数值越小说明网格划分质量越高，对于三维结构来说不能超过 0.85（见图 5-7）。最后将前直管段进口设置为速度入口，后直管段出口设置为自由流出，其他管壁设置为墙壁，完成边界条件设置后就可以输出 . msh 文件了（见图 5-8）。

5.3.4　仿真迭代参数设置

与圆形管道仿真基本相同，将 . msh 文件导入 CFD 仿真软件后，首先要选择计算模型，这就需要确定管道内流体的流动状态。雷诺数的计算公式为：

$$Re = \frac{\rho v d}{\mu} \tag{5-18}$$

式中，ρ 为流体密度；v 为流体流速；μ 为黏性系数；d 为管道的水力直径。

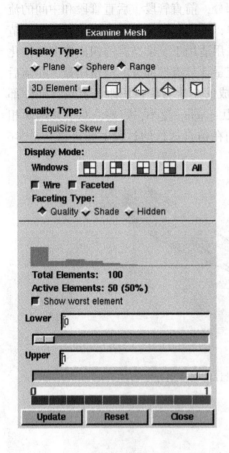

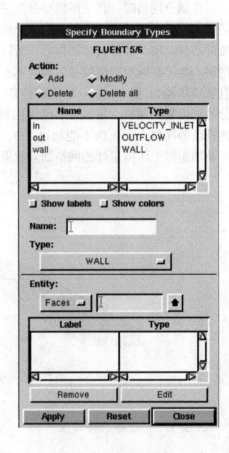

图 5-7　网格质量检查　　　　　　　　　图 5-8　边界条件设置

对于非圆形管道，水力直径的定义是 4 倍的水力半径；水力半径的定义是流体流过的管道截面积与流体接触管道壁面的周长（湿周）之比。假设一个矩形管道周长为 a，b，那么它的水力直径为 $\dfrac{4ab}{2(a+b)} = \dfrac{2ab}{a+b}$。对于本研究，矩形管道边长为 L，那么水力直径也是 L。

在新型矩形差压流量计的仿真实验中，结合实验室现有条件，假设流体入口的最小平均流速为 0.1m/s，那么经计算可得雷诺数等于 4980，因为 4980>2300，所以管道内流体的流动状态是湍流，计算模型应选择湍流模型，本研究选择标准 $K\text{-}\varepsilon$ 模型。

在设置入口参数时，操作界面如图 5-9 所示。需要设置水力直径（hydraulic diameter），本研究的水力直径设为 0.05。

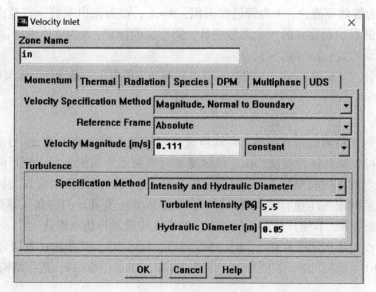

图 5-9 入口参数设置

5.3.5 影响差压值的结构确定

作为节流式差压流量计，在确定节流件形状后，首先要选择等效节流比。由于本研究选择的是矩形管道，所以圆形管道的等效节流比公式不一定适用，需要自行推导矩形管道等效节流比。

设节流件上游截面积为 A_1，v_1、p_1 是此截面处的流速和压力，A_2、v_2、p_2 是节流件下游截面的对应参数，管道内的流体是不可压缩流体。根据连续方程和伯努利方程有

连续方程：

$$A_1 v_1 = A_2 v_2 \tag{5-19}$$

伯努利方程：

$$z_1 + \frac{p_1}{\rho g} + \frac{v_1^2}{2g} = z_2 + \frac{p_2}{\rho g} + \frac{v_2^2}{2g} + h_2 \tag{5-20}$$

式中，h_2 为流体通过节流件时产生的水头损失，在理论推导时选择忽略不计。又由于管道水平，因此 $z_1 = z_2$，可以将式（5-20）化简为：

$$p_1 - p_2 = \frac{\rho(v_2^2 - v_1^2)}{2} \tag{5-21}$$

传统节流式差压流量计的体积流量测量公式为：

$$Q_v = \frac{C\beta^2 A}{\sqrt{1 - \beta^4}} \sqrt{\frac{2\Delta p}{\rho}} \tag{5-22}$$

式中，β 为等效节流比；A 为管道截面积，$A = A_1$；C 为流出系数，它是由于流动受到黏性的影响而定义的一个无量纲量，需要实验标定；ρ 为流体密度；Δp 为节流件两端压力差，$\Delta p = p_1 - p_2$。

联立公式（5-19）~式（5-22）可以得到新型矩形差压流量计的等效节流比为：

$$\beta = \sqrt{\frac{A_2}{A_1}} \tag{5-23}$$

由体积流量测量公式可知，在知道流体经过节流件的差压值 Δp 与流出系数 C 之后就可以得到体积流量。由于流体流动时具有水头损失，所以矩形差压流量计差压值与收缩段收缩角 θ、等效节流比 β 有关；而扩张段扩张角 α 与流体通过流量计之后的永久压损有关。所以针对新型矩形差压流量计的仿真，需要对收缩角 θ、扩张角 α、节流件喉部板间距 H、取压孔位置进行仿真确认。

设置收缩角 θ 分别为 10°、18°、20°、21°、24°、30°，扩张角 α 分别为 6°、7°、8°、9°、10°、15°、20°，板间距 H 分别为 10mm，16mm，20mm，进行结构仿真。

5.3.5.1　对板间距的仿真

根据式（5-21）可知，新型矩形差压流量计的差压值与节流件前后的流体速度有关，而流体速度受到管道截面积变化的影响，所以对节流件喉部板间距 H 的仿真就是对等效节流比 β 与差压值 Δp 的仿真。

流量计差压值变化主要由改变板间距带来，所以在进行板间距的仿真时，只选用四组收缩角 θ 与扩张角 α，板间距 H 分别为 10mm，16mm，20mm，选定标准是板间距过大会造成差压值过小，这与差压流量计的设计原则是相悖的；板间距过小会使流量计难以与近红外装置结合。图 5-10 ~ 图 5-15 分别是收缩角 21°、扩张角 10°情况下三种板间距在入口流量为 $10\text{m}^3/\text{h}$ 时的压力云图和速度矢量图。

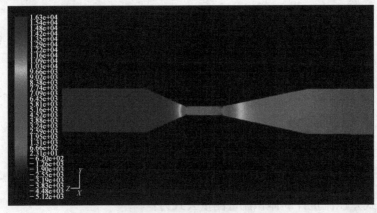

图 5-10　$H = 10\text{mm}$ 压力云图

扫描二维码
查看彩图

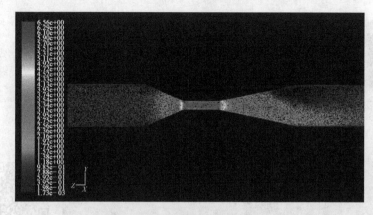

扫描二维码
查看彩图

图 5-11 $H=10mm$ 速度矢量图

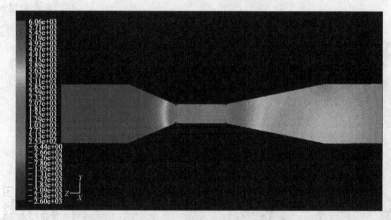

扫描二维码
查看彩图

图 5-12 $H=16mm$ 压力云图

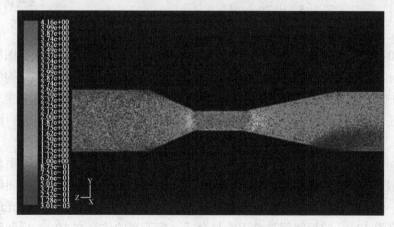

扫描二维码
查看彩图

图 5-13 $H=16mm$ 速度矢量图

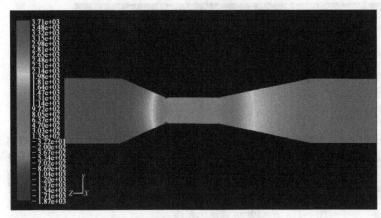

图 5-14　$H=20\text{mm}$ 压力云图

扫描二维码
查看彩图

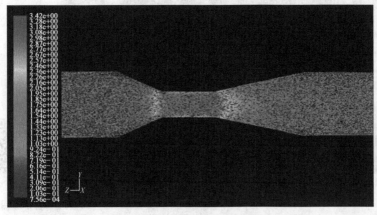

图 5-15　$H=20\text{mm}$ 速度矢量图

扫描二维码
查看彩图

由图 5-10~图 5-15 可知，通过改变节流件板间距，对压力云图和速度矢量图都有较大的影响。速度矢量在流量计扩张段后不稳定，这会带来压损的增加和结构的增长，所以在确定板间距后需要对收缩角与扩张角进行仿真来提高流体的稳定性。

绘制上述 3 组不同板间距的矩形差压流量计的前后差压对比图，得到图 5-16。

由图 5-16 可知，随着板间距的变化，差压值也随之改变，其中板间距为 10mm 时的差压值最大，20mm 时的差压值最小，由此可以得到差压值与板间距有关的结论。由于要在喉部添加近红外检测装置，探测距离小有助于近红外光的接收，综合来说 10mm 的板间距与差压值最合适，接下来的仿真在 10mm 板间距基础上进行。

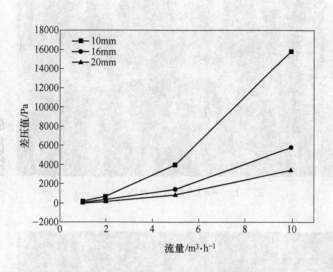

图 5-16　改变板间距时不同流量的差压值对比图

5.3.5.2　对收缩角的仿真

对于收缩角 θ 的仿真，在 10mm 板间距的基础上，分别设置收缩角 θ 为 10°、18°、20°、21°、24°、30°。图 5-17～图 5-28 是入口流量为 10m³/h 下不同收缩角结构的压力云图和速度矢量图。

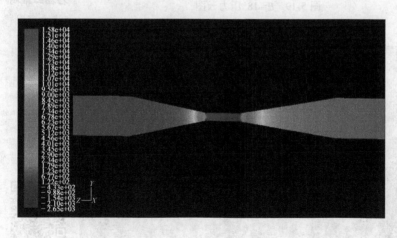

图 5-17　$\theta = 10°$压力云图

扫描二维码

查看彩图

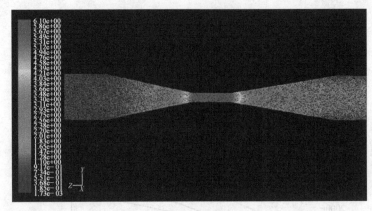

图 5-18　$\theta=10°$ 速度矢量图

扫描二维码
查看彩图

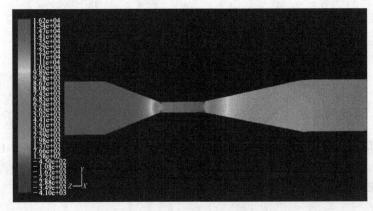

图 5-19　$\theta=18°$ 压力云图

扫描二维码
查看彩图

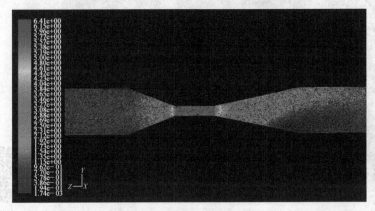

图 5-20　$\theta=18°$ 速度矢量图

扫描二维码
查看彩图

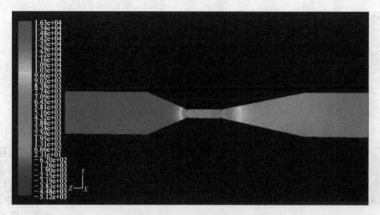

图 5-21 $\theta=20°$ 压力云图

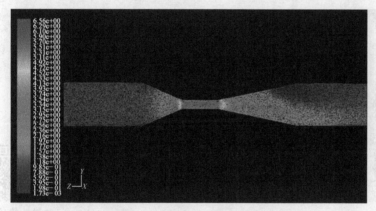

图 5-22 $\theta=20°$ 速度矢量图

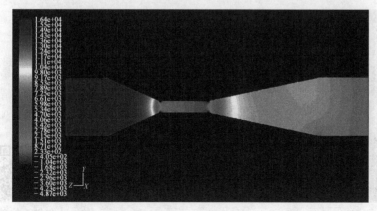

图 5-23 $\theta=21°$ 压力云图

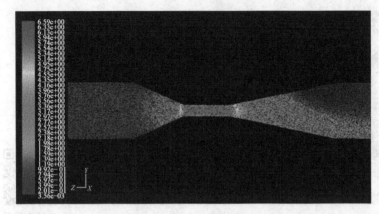

图 5-24　$\theta=21°$速度矢量图

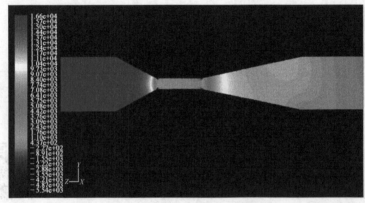

图 5-25　$\theta=24°$压力云图

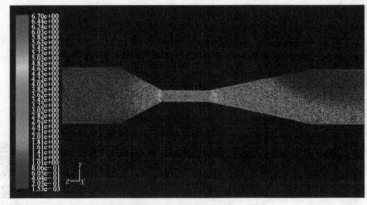

图 5-26　$\theta=24°$速度矢量图

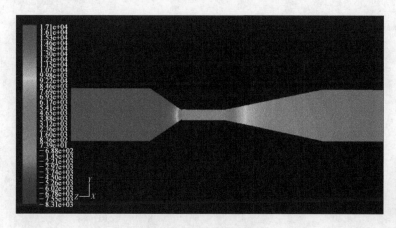

图 5-27　θ=30°压力云图

扫描二维码
查看彩图

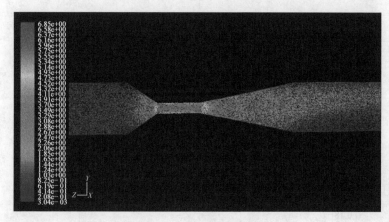

图 5-28　θ=30°速度矢量图

扫描二维码
查看彩图

　　由图 5-17～图 5-28 可知，收缩角度变化后，压力云图没有太大的变化。但收缩角 10°时的速度矢量图表明，流体在扩张段的流动不稳定，所以还要进行扩张角的仿真。

　　绘制上述 6 组不同收缩角的矩形差压流量计的前后差压、压损比对比图，得到图 5-29 和图 5-30。

　　由图 5-29 和图 5-30 可知，随着收缩角的变化，前后差压值基本不变化，随着收缩角增大略有增大，这表明收缩角越大带来的水头损失越大，这部分水头损失也被计入差压。而根据压损比对比图，收缩角 20°时压损最小，其次是 21°。综合来说，收缩角 20°的矩形差压流量计性能最好，接下来的仿真在此基础上进行。

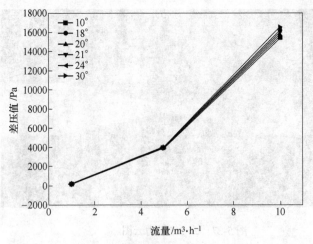

图 5-29 改变收缩角差压值对比图

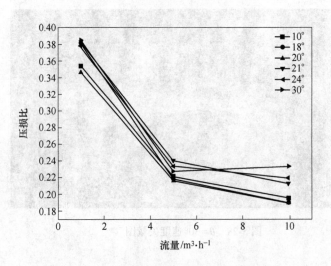

图 5-30 改变收缩角压损比对比图

5.3.5.3 对扩张角的仿真

对于扩张角 α 的仿真,在之前的基础上,分别设置扩张角为 6°、7°、8°、9°、10°、15°、20°。图 5-31 ~ 图 5-44 是入口流量为 $10m^3/h$ 下不同扩张角结构的压力云图和速度矢量图。

由图 5-31 ~ 图 5-44 可知,扩张段的流体稳定性受到扩张角角度的影响,扩张角大于 9° 的装置内流体流动不稳定。绘制上述 7 组不同扩张角流量计的前后差压、压损比对比图,得到图 5-45 和图 5-46。

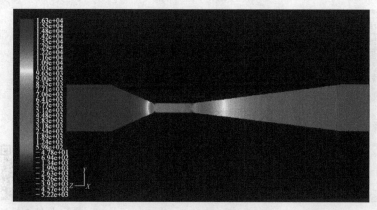

图 5-31　α=6°压力云图

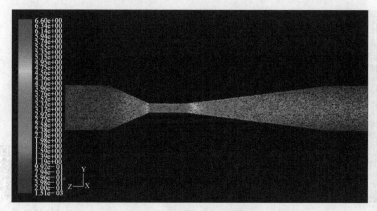

图 5-32　α=6°速度矢量图

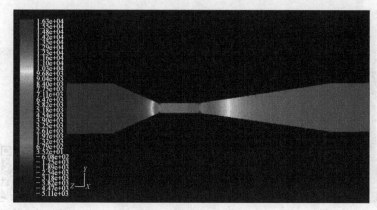

图 5-33　α=7°压力云图

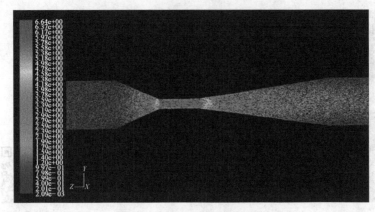

图 5-34 $\alpha = 7°$ 速度矢量图

扫描二维码
查看彩图

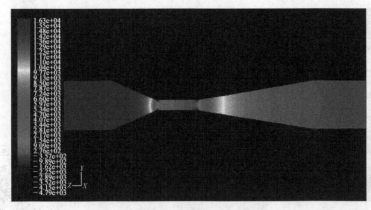

图 5-35 $\alpha = 8°$ 压力云图

扫描二维码
查看彩图

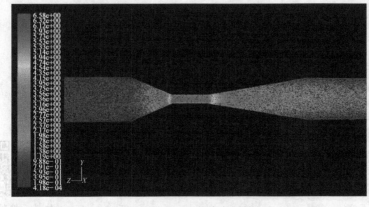

图 5-36 $\alpha = 8°$ 速度矢量图

扫描二维码
查看彩图

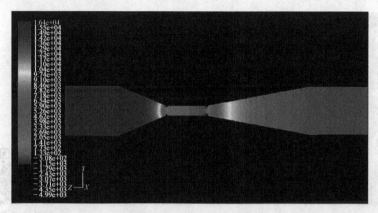

扫描二维码
查看彩图

图 5-37 $\alpha = 9°$ 压力云图

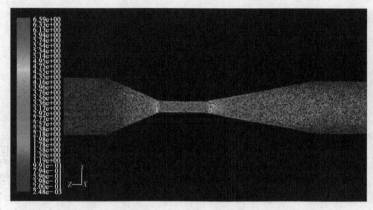

扫描二维码
查看彩图

图 5-38 $\alpha = 9°$ 速度矢量图

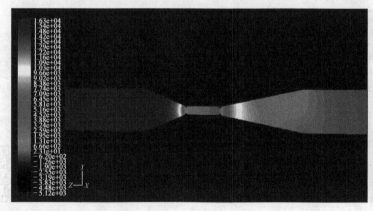

扫描二维码
查看彩图

图 5-39 $\alpha = 10°$ 压力云图

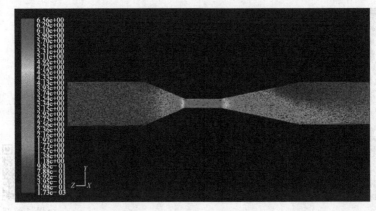

图 5-40   α=10°速度矢量图

扫描二维码
查看彩图

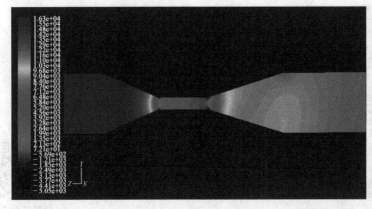

图 5-41   α=15°压力云图

扫描二维码
查看彩图

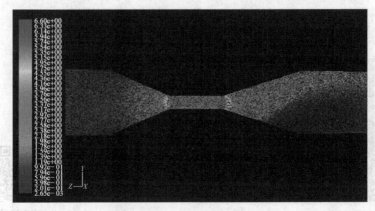

图 5-42   α=15°速度矢量图

扫描二维码
查看彩图

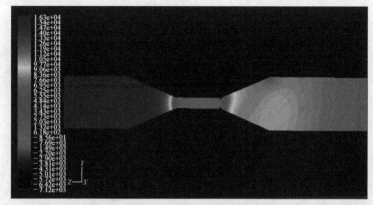

图 5-43　α=20°压力云图

扫描二维码
查看彩图

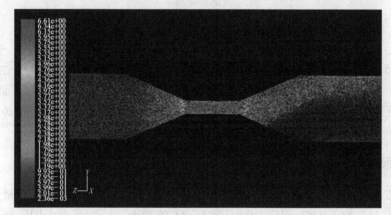

图 5-44　α=20°速度矢量图

扫描二维码
查看彩图

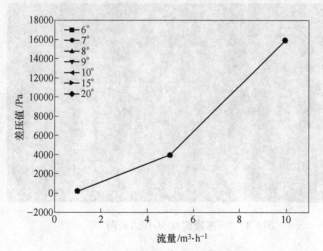

图 5-45　改变扩张角差压值对比图

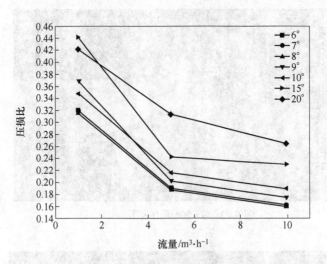

图 5-46　改变扩张角压损比对比图

由图 5-45 和图 5-46 可知，扩张角的变化基本不影响流量计的差压值，七组扩张角中 6°、7°、8°三组的压损比最小，考虑到对流量计长度的影响，最好选择扩张角 8°。至此可以确定流量计最优的结构参数为板间距 10mm，收缩角 20°，扩张角 8°。

5.3.6　确定取压孔位置

在确定节流件结构参数后还需要确定取压孔位置，所以截取流量计入口至压缩段前 $2L$、$1.5L$、$1L$、$0.5L$，压缩段后 $0.5L$、$1L$ 等截面，绘制压力云图。经过分析对比，最后得到效果最好的图 5-47 与图 5-48。

图 5-47　压缩段前 0.5L 压力云图

扫描二维码
查看彩图

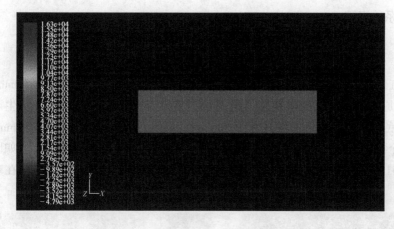

图 5-48　压缩段后 0.5L 压力云图

扫描二维码
查看彩图

由图 5-47 和图 5-48 可知，在压缩段前后 0.5L 处的流体截面压力稳定，所以以此处作为取压孔位置。

5.4　测量系统搭建与单相流动实流标定实验

5.4.1　新型矩形气液两相流检测装置实物

根据 5.3 节确定的结构参数，用 304 不锈钢制作完成了竖直管段的新型矩形气液两相流检测装置，用于单相流量标定与两相流量特性及相含率特性研究，实物如图 5-49 所示。不锈钢支撑板根据近红外检测装置确定开孔面积。

图 5-49　新型矩形气液两相流相检测装置实物

5.4.2 测量系统搭建

5.4.2.1 近红外检测装置

由于近红外检测装置安装在差压流量计喉部玻璃视窗上，视窗面积为 50mm×20mm，所以原有的近红外发射装置不适用于本装置。选择东莞沃德普公司生产的 FQ2 系列底部背光源，定制发光面积 50mm×20mm，光源总面积 60mm×30mm。面光源由一个二路模拟控制器控制，可以实现多路控制和发光强度的调节，如图 5-50 和图 5-51 所示。近红外接收装置选用四路近红外接收探头，并排安装在玻璃视窗上。

图 5-50   发射面光源

图 5-51   模拟控制器

近红外光谱法分析气液两相含率的基础是两相流体对近红外光的吸收系数不同，以往实验分析都是选用波长 970nm 的近红外光。但是，由于市场上常见的近红外发射装置的红外波长是 940nm，改为波长 970nm 需要经过长时间的调试，所以最终选择的近红外光源的光波长为 940nm。这就需要进行静态实验来验证 940nm 近红外光对气液两相的区分效果。

5.4.2.2   940nm 光源静态实验

玻璃视窗材料为有机玻璃，有机玻璃对近红外光同样具有吸收作用，所以实验时要尽量选择水与有机玻璃吸收效果差异大的近红外光波长，梁玉娇通过光谱扫描实验确定了 940~1000nm，1220~1330nm，1500~1600nm 三个区分效果好的波段。

如图 5-52 所示，根据梁玉娇实验结果，940nm 处水和空气对近红外光的吸收系数存在明显差异，所以理论上可以选用 940nm 波长的近红外光。但具体吸收效果需要进行静态实验验证。

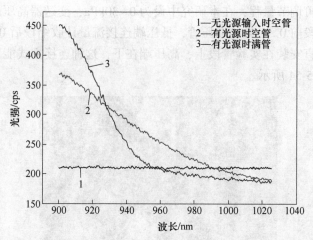

图 5-52 在 900~1025.5nm 波段透过空管和满管的近红外光强度情况

在水平透明管段进行静态实验，近红外光从发射装置发出，经过有机玻璃、空气、水、有机玻璃后被接收装置接收，光强信号转化为电压值记录。管道直径 50mm，改变管道内水的厚度，每次间隔 5mm，采集不同水层厚度下接收的电压值，重复 3 次。

如图 5-53 所示，接收的电压值随着水层厚度的增加而成指数规律衰减，与 970nm 的实验结果一致，证明 940nm 波长的近红外光可以用于两相流的相含率检测。

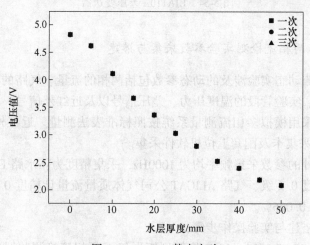

图 5-53 940nm 静态实验

5.4.2.3 差压信号的采集

选用横河川仪有限公司生产的 EJA110A 膜盒式差压变送器采集差压信号，

该型号变送器可调节量程，在本研究中设为 0~30kPa，变送器高压端连接矩形差压流量计收缩段前 0.5L 处的取压管，低压端连接流量计收缩段后 0.5L 处的取压管，流量计竖直安装在实验管段上，高压端在下，这种连接方式能消除重力压降的影响，如图 5-54 所示。

图 5-54   EJA110A 差压变送器

5.4.2.4   两相流检测实验参数采集与搭建

气液两相流动态实验涉及的动态参数包括两相的流量、气路的温度压力、水路的温度压力、实验管段的温度压力、差压信号以及近红外信号。除近红外信号以外的参数均采用模拟多相流测量系统按照标准表法测量。近红外信号由 USB-6218 高频数据采集卡及配套上位机软件采集。

本研究设计的参数采集频率均为 1000Hz，采集精度为：水路 Endress+Hauser 电磁流量计精度 0.2 级、气路 ALICAT 公司气体质量流量计精度 0.1 级、差压变送器测量精度 ±0.065%。

测量系统搭建与实验操作步骤：

（1）依据 GB/T 2624—1993 将新型矩形气液两相流检测装置安装在实验管段，与近红外检测装置和差压变送器相连。

（2）单相实验时仅打开水泵，两相实验时增开空气压缩机。等待水泵运行平稳且空气稳压罐到达规定压力时，调节需要的水流量和气流量，得到一定含率的流体。

（3）开始采集，数据采样频率 1000Hz，采样时间 30s。

（4）按照顺序调节液相点与气相点，待流动状态稳定后采集数据。

（5）完成一组实验，保存数据，拆除近红外检测装置与差压变送器，两相流量调零。

（6）重复上述第（2）~（5）步，完成多次实验。

5.4.3　流出系数标定实验

矩形差压流量计作为一种非标准流量计，根据差压流量计流量测量式（5-22），流出系数 C 需要进行实流标定。利用竖直安装的气液两相流检测装置进行标定实验，单相水的流量范围是 $1 \sim 11 \mathrm{m}^3/\mathrm{h}$，选取流量范围内的 21 个工况点进行四次重复实验，实验工况点及测量结果见表 5-1。

表 5-1　液相流量测量实验工况点及测量结果

工况点	第一次实验		第二次实验		第三次实验		第四次实验	
预设水流量 /m³·h⁻¹	液相表观流量 /m³·h⁻¹	差压值 /kPa	液相表观流量 /m³·h⁻¹	差压值 /kPa	液相表观流量 /m³·h⁻¹	差压值 /kPa	液相表观流量 /m³·h⁻¹	差压值 /kPa
1.0	0.990017	0.1768	0.965134	0.169234	0.986841	0.177269	0.992345	0.176133
1.5	1.49459	0.393105	1.485567	0.395613	1.484235	0.384799	1.489662	0.3879
2.0	1.936352	0.660172	1.955375	0.662686	1.932145	0.660389	1.944773	0.659618
2.5	2.429881	1.024844	2.449542	1.040222	2.446271	1.037916	2.424049	1.027689
3.0	2.945975	1.487608	2.966593	1.492019	2.951288	1.491567	2.949465	1.490333
3.5	3.461404	2.032179	3.429201	2.026431	3.457386	2.032093	3.477308	2.028956
4.0	3.955587	2.643952	3.96486	2.640111	3.957545	2.641739	3.941968	2.643944
4.5	4.422049	3.300131	4.426631	3.29004	4.432998	3.298409	4.430846	3.29727
5.0	4.935001	4.069422	4.939049	4.076109	4.921671	4.066583	4.933427	4.072767
5.5	5.463308	4.959445	5.468862	4.925798	5.462013	4.921915	5.456363	4.912084
6.0	5.926636	5.821861	5.923466	5.796640	5.92849	5.812586	5.946327	5.81894
6.5	6.430656	6.81005	6.435709	6.821884	6.436924	6.822591	6.422536	6.816285
7.0	6.954295	7.922344	6.963718	7.931457	6.950603	7.930215	6.951974	7.930562
7.5	7.408963	8.956072	7.40866	8.973243	7.409385	8.975732	7.419707	8.967656
8.0	7.938597	10.24703	7.894427	10.22613	7.924977	10.24571	7.894817	10.25214
8.5	8.440866	11.59246	8.444192	11.62572	8.442965	11.6352	8.447863	11.62929
9.0	8.950297	12.9966	8.931059	12.98077	8.943295	12.99826	8.94621	12.99027
9.5	9.442046	14.50509	9.432703	14.50835	9.459524	14.53018	9.422956	14.43089
10.0	9.945068	16.03075	9.931623	16.02927	9.942255	16.04749	9.937376	16.09155
10.5	10.44219	17.62793	10.4428	17.66219	10.44827	17.67413	10.41874	17.6371
11.0	10.92266	19.33857	10.92471	19.30037	10.91978	19.3172	10.95991	19.3302

液相流量与差压的关系如图 5-55 所示，可以看出差压随流量的增加而增大，测量的重复效果好，差压值基本没有变化。

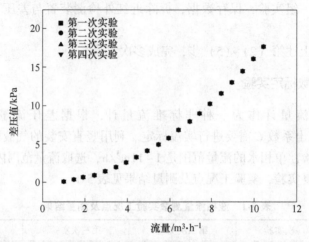

图 5-55 液相流量与差压关系

通过分析实验数据，发现流出系数 C 与差压值成指数关系。为了得到准确的单相流量，选用第一组数据，使用数据绘图分析软件对流出系数进行非线性拟合。图 5-56 为拟合效果图，流出系数与差压值呈现出比较好的拟合状态，相关系数 R^2 值在 0.99 以上。拟合公式为：

$$C = A_1 \times e^{-\Delta p/t_1} + A_2 \times e^{-\Delta p/t_2} + y_0 \tag{5-24}$$

式中，$A_1 = -0.03818$；$t_1 = 4.54973$；$A_2 = -0.0197$；$t_2 = 0.43483$；$y_0 = 0.95637$；C 为拟合流出系数；Δp 为差压值，kPa。

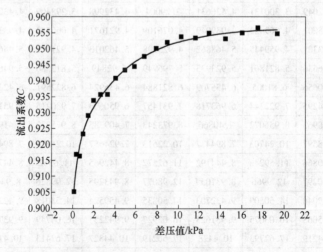

图 5-56 差压与流出系数拟合图

将第一组实验数据带入式 (5-24)，再将拟合流出系数带入式 (5-22)，得到体积流量计算值，并与实际体积流量相比计算相对误差。如图 5-57 所示，体积流量的拟合相对误差在 0.36% 以内。

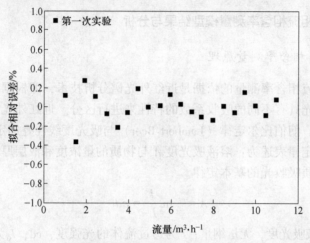

图 5-57 第一组数据拟合相对误差

将剩余三组数据带入拟合公式检验矩形差压流量计测量效果，如图 5-58 所示，三次实验流量计的误差在 0.8% 以内，流量计的稳定性和测量精度较好。

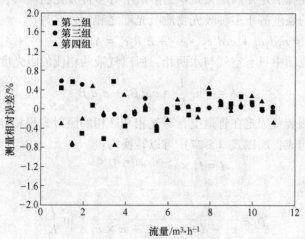

图 5-58 后三组数据测量相对误差

5.5 气液两相流动态实验与分析

在完成单相水流出系数标定后，进行气液两相流动实验。为提高相含率测量范围，在单相水实验 21 个工况点的基础上，结合 0.12m³/h、0.24m³/h、

$0.36\text{m}^3/\text{h}$、$0.48\text{m}^3/\text{h}$、$0.6\text{m}^3/\text{h}$ 的 5 个气相流量点，对共 105 个工况点进行测试，涉及竖直方向的弹状流、泡状流以及过渡流 3 种流型，按照上一节说明的实验步骤进行 3 次重复实验，并对实验数据进行分析。

5.5.1　气液两相流相含率测量模型结果与分析

5.5.1.1　相含率测量原理

气液两相流相含率测量的依据是近红外光谱分析技术，即根据气相和液相对透过的近红外光具有不同的吸收系数的特性来进行区分。近红外光谱分析技术有两条理论依据，朗伯比尔定律（Lambert-Beer）与吸光度线性叠加定律。

朗伯比尔定律表述为：溶液吸光度 A 与物质的量浓度和液层厚度的乘积成正比关系，是物质吸收光的基本定律。

$$A = -\ln \frac{I}{I_0} = \varepsilon dc \tag{5-25}$$

式中，A 为溶液吸光度，无量纲量；I 为透过流体的光强度，cd；I_0 为入射光强度，cd；$\dfrac{I}{I_0}$ 为物质吸光度，无量纲量；ε 为待测物质的摩尔吸光系数，$\text{L}/(\text{mol} \cdot \text{cm})$；$d$ 为光程，cm；c 为物质的量浓度，mol/L。

吸光度线性叠加定律的定义是：当溶液中有多种吸光物质时，某一波长的光通过后被吸收的强度等于多种吸光物质吸光度之和。公式为：

$$A = \varepsilon_1 d_1 c_1 + \varepsilon_2 d_2 c_2 + \cdots + \varepsilon_n d_n c_n = A_1 + A_2 + \cdots + A_n \tag{5-26}$$

气液两相流动中只有空气与水两相，所以气液两相流的吸光度公式为：

$$A = -\ln \frac{I}{I_0} = \varepsilon_1 d_1 \beta_1 + \varepsilon_\text{g} d_\text{g} \beta_\text{g} \tag{5-27}$$

近红外检测装置固定在管道上，对气相和液相的照射光程相同，又由于流体只有两种介质构成，所以式（5-27）可以转换为：

$$I = I_0 \times \text{e}^{-d \times [\varepsilon_1 \beta_1 + \varepsilon_\text{g} \times (1-\beta_1)]} \tag{5-28}$$

又可转换为：

$$\beta_1 = \frac{\varepsilon_\text{g}}{\varepsilon_\text{g} - d \times \varepsilon_1} + \frac{1}{\varepsilon_\text{g} - d \times \varepsilon_1} \times \ln \frac{I}{I_0} \tag{5-29}$$

由于 ε_g、ε_1、d 均为常数，因此上式可以简化为

$$\beta_1 = A + B \times \ln \frac{I}{I_0} \tag{5-30}$$

由式（5-30）可知，相含率是一个与入射光强及透射光强成对数关系的函数，对一个确定的检测装置，当知道入射光强及透射光强后就可以得到相含率。矩形气液两相流检测装置采用四路近红外接收探头，并排安装在检测装置喉部的

玻璃视窗上，每个探头接收的都是流场中不同位置的信息，所以四路探头测得的液相体积含率的平均值就是测量管段的液相体积含率。

$$\beta_1 = \frac{1}{4} \times (\beta_{10} + \beta_{11} + \beta_{12} + \beta_{13}) \tag{5-31}$$

结合式（5-30）可得：

$$\beta_1 = a \times \ln\frac{I_1}{I_0} + b \times \ln\frac{I_2}{I_0} + c \times \ln\frac{I_3}{I_0} + d \times \ln\frac{I_4}{I_0} + A \tag{5-32}$$

在气液两相流动态实验中，根据各探头获得的透过光强与相含率的关系，可以推导出相含率的数学计算模型。

5.5.1.2 相含率测量实验依据

在相含率测量实验中，首先需要得到实际相含率。根据实验过程中采集到的各分相流量与分相温度、压力以及混合测量管段的温度、压力等实时数据，可以得到实际液相含率。液相含率的计算公式见式（5-33）。

$$\beta_1 = \frac{Q_1}{Q_1 + \dfrac{(101.3 + p_g) \times Q_g \times (273.2 + T_b)}{(273.2 + T_g) \times (101.3 + p_b)}} \tag{5-33}$$

式中，Q_1 为液相体积流量，m^3/h；Q_g 为气相体积流量，m^3/h；p_g 为气路压力，kPa；T_g 为气路温度，K；p_b 为背景压力；T_b 为背景温度。

将采集到的各项数据提取平均值，可以得到每个工况点的液相体积含率，作为相含率测量的实际值。

5.5.1.3 相含率测量实验结果分析

本研究设计新型气液两相流检测装置的目的是为了提高数据准确性，减小光的折射与反射，在完成两相流动态实验后，比较新装置与原结构采集的近红外电压信号。

图 5-59～图 5-62 是同一弹状流及泡状流工况点下新装置与原装置的电压时域图，由图可知：

（1）弹状流中的泰勒气泡头部在通过近红外检测装置时，由于其独特的形状很容易造成光的折射与反射，原装置在泰勒气泡头部通过时几乎接收不到近红外信号，新装置对此测量效果好，只在气泡头部刚通过时电压值会有小幅下降。

（2）新装置能较好地检测弹状流中泰勒气泡尾部的离散气泡，效果好于原装置，但电压值略小于满管电压，说明仍存在光的折射、反射。

（3）泡状流中小气泡不连续地分布在液相中，原装置中近红外光折射、反射很严重，接收电压整体偏低，数据不准确。新装置受小气泡影响小，电压值略大于满管，说明大部分近红外光穿过小气泡被探头接收。

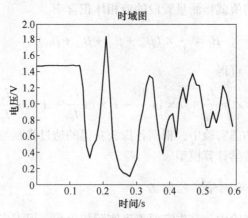

图 5-59　原装置弹状流电压时域图

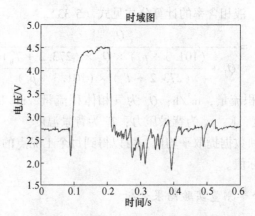

图 5-60　新装置弹状流电压时域图

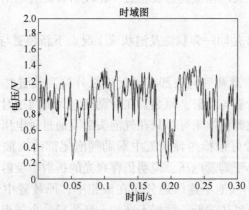

图 5-61　原装置泡状流电压时域图

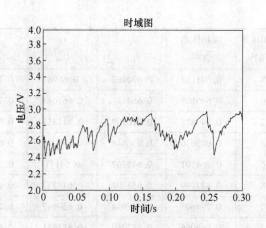

图 5-62　新装置泡状流电压时域图

新装置对实验范围内的流型测量效果好于原有装置，有效减少了光的折射与反射，达到了设计要求，可以用于相含率测量。

根据梁玉娇的研究成果，要想根据近红外透过光强得到相含率，需要先得到空管时透过的近红外光强作为 I_0。在测量管道中仅有气体时，打开近红外检测装置，采集近红外光透过空管后的光强信号，将经过信号采集板滤波放大处理后得到的电压信号作为测量基准。理论上四路电压信号应该一致，但由于存在采集板电噪声，所以四路探头得到的电压值不会完全相同。采集 3 组数据并求平均值，将得到的平均值作为近红外光透过空管后的光强。最终四路探头的电压值见表5-2。

表 5-2　静态全气四路信号电压值

通道	第一路	第二路	第三路	第四路
信号电压值/V	4.975538	4.379596	4.067306	4.175181

两相流实验开始后，完成各工况点近红外线电压的采集。对四路电压信号求平均值，得到与透过光强电压的比值，利用式（5-33）得到管道中的实际液相含率，表 5-3 是第一次实验部分工况点电压比值与液相体积含率真值的关系。

表 5-3　第一次实验部分电压比值与液相体积含率真值表

液相体积流量 /m³·h⁻¹	气相体积流量 /m³·h⁻¹	液相体积含率	$\dfrac{I_1}{I_{1-0}}$	$\dfrac{I_2}{I_{2-0}}$	$\dfrac{I_3}{I_{3-0}}$	$\dfrac{I_4}{I_{4-0}}$
1	0.12	0.905408	0.63472	0.631439	0.685366	0.653115
1	0.24	0.824056	0.659978	0.649777	0.720991	0.712397
1	0.36	0.755041	0.668689	0.655788	0.729828	0.740529

液相体积流量 /m³·h⁻¹	气相体积流量 /m³·h⁻¹	液相体积含率	$\dfrac{I_1}{I_{1-0}}$	$\dfrac{I_2}{I_{2-0}}$	$\dfrac{I_3}{I_{3-0}}$	$\dfrac{I_4}{I_{4-0}}$
1	0.48	0.695185	0.670962	0.6696	0.740886	0.759817
1	0.60	0.646108	0.669171	0.669643	0.732413	0.776629
2	0.12	0.949828	0.610509	0.611311	0.656499	0.617852
2	0.24	0.905036	0.636848	0.632941	0.687594	0.655963
2	0.36	0.864101	0.645762	0.64171	0.703908	0.67545
2	0.48	0.827409	0.658701	0.649357	0.710053	0.703197
2	0.60	0.794603	0.662934	0.650887	0.724465	0.72515
3	0.12	0.966066	0.587769	0.581651	0.625165	0.586483
3	0.24	0.935045	0.623425	0.619463	0.672992	0.636698
3	0.36	0.905371	0.636613	0.632931	0.68698	0.654272
3	0.48	0.879484	0.644242	0.636824	0.695747	0.671737
3	0.60	0.854291	0.649345	0.644722	0.705456	0.680886
9	0.12	0.989823	0.522386	0.500443	0.527339	0.512794
9	0.24	0.979849	0.55643	0.549387	0.583962	0.555375
9	0.36	0.970466	0.583734	0.575423	0.616291	0.581035
9	0.48	0.960603	0.594867	0.594656	0.642455	0.59543
9	0.60	0.95098	0.608039	0.609393	0.654902	0.617391
10	0.12	0.990854	0.509244	0.490953	0.51904	0.50108
10	0.24	0.981793	0.555367	0.536949	0.580853	0.546704
10	0.36	0.973035	0.579431	0.565853	0.602527	0.577523
10	0.48	0.964237	0.587999	0.591062	0.633701	0.590048
10	0.60	0.955914	0.602082	0.604135	0.652067	0.607097
11	0.12	0.991823	0.48762	0.470656	0.495177	0.484956
11	0.24	0.983868	0.547511	0.531349	0.560158	0.539193
11	0.36	0.975897	0.57464	0.561952	0.599046	0.567857
11	0.48	0.968349	0.583734	0.577429	0.617442	0.582239
11	0.60	0.960911	0.593491	0.594174	0.638688	0.593938

由表 5-3 可知，在液相流量相同的工况点，随着气相流量的增加，液相含率降低；四路电压的比值升高，说明透过光强增强，近红外检测技术能较好地反映相含率的变化。

相含率的变化由四路探头电压比值共同影响。将第 1 组实验的四路电压比值与液相含率带入 Origin 数据绘图分析软件，自定义如公式（5-34）的函数，进行参数拟合。最终得到的计算模型如下：

$$\beta_1 = 0.6295 \times \ln\left(\frac{I_1}{I_{1-0}}\right) + 0.7363 \times \ln\left(\frac{I_2}{I_{2-0}}\right) + 0.32619 \times \ln\left(\frac{I_3}{I_{3-0}}\right) -$$

$$1.9075 \times \ln\left(\frac{I_4}{I_{4-0}}\right) + 0.8399 \tag{5-34}$$

将各工况点的电压值代入计算模型计算液相含率，可得实际液相含率与计算液相含率的相对误差（见图5-63）。两相流中各点的实际液相含率与计算液相含率的对比如图5-64所示。

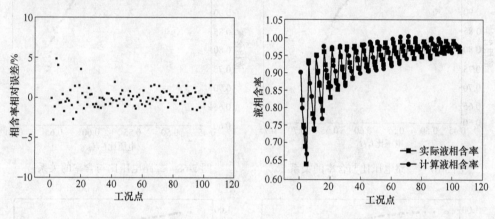

图 5-63 第一次实验液相含率的相对误差分布   图 5-64 计算液相含率与实际液相含率对比

将其他两组实验数据带入相含率计算模型，得到计算液相含率与实际液相含率的相对误差，如图5-65与图5-66所示。

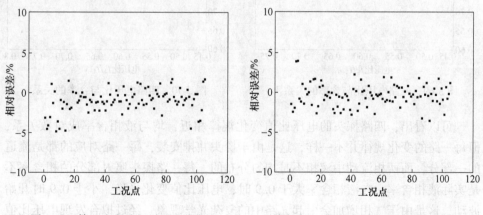

图 5-65 第二次实验相对误差分布   图 5-66 第三次实验相对误差分布

综上可知，3 组实验数据的计算液相含率相对误差均在 5% 以内，对相含率的测量结果较好。

5.5.1.4　对相含率测量模型的修正

式（5-32）是理想情况下的相含率测量模型，实际实验中发现光的折射、反射等光学现象仍然存在，影响透射后的电压。图 5-67~图 5-70 为四路探头电压比值与液相含率的关系。

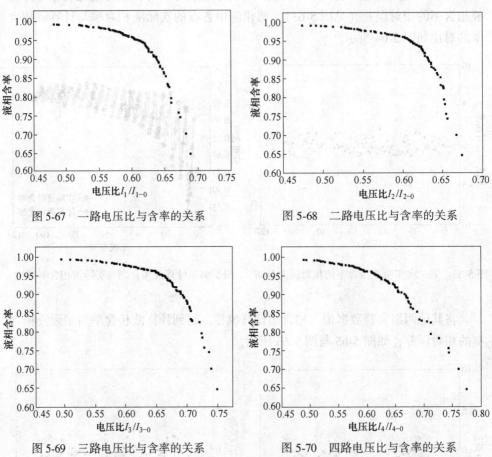

图 5-67　一路电压比与含率的关系　　　　图 5-68　二路电压比与含率的关系

图 5-69　三路电压比与含率的关系　　　　图 5-70　四路电压比与含率的关系

可以看出，四路探头的电压比值变化规律相近，均与液相含率成对数关系，但每一路的变化规律并不一样，这是由于探头并排安装，每一路对应的都是流道的一部分，而两相流动中液相不是均匀分布的，每一路探头照射部分的相含率不是实际液相含率。在液相含率大于 0.9 时，电压比值变化平稳，小于 0.9 时开始波动，这是由于气相增加会引起光路中的复杂光学现象。经过拟合发现电压比值与液相含率的关系为：

$$\beta_1 = A + B \times \ln\left(K \times \frac{I}{I_0}\right) \tag{5-35}$$

其中 K 是对光学现象造成的误差的修正，修正后的相含率测量模型为：

$$\beta_1 = a \times \ln\left(K_1 \frac{I_1}{I_0}\right) + b \times \ln\left(K_2 \frac{I_2}{I_0}\right) + c \times \ln\left(K_3 \frac{I_3}{I_0}\right) + d \times \ln\left(K_4 \frac{I_4}{I_0}\right) + A$$

$$\tag{5-36}$$

在数据拟合软件中定义形如式（5-36）的函数，将第一组数据带入求得相含率测量模型为：

$$\beta_1 = 0.9277 \times \ln\left(0.8681 \times \frac{I_1}{I_{1-0}}\right) + 0.5465 \times \ln\left(0.92 \times \frac{I_2}{I_{2-0}}\right) + 0.3063 \times$$

$$\ln\left(1.184 \times \frac{I_3}{I_{3-0}}\right) - 1.9489 \times \ln\left(0.977 \times \frac{I_4}{I_{4-0}}\right) + 0.9444 \tag{5-37}$$

将 3 组实验数据带入修正模型，计算液相含率的相对误差，如图 5-71 ~ 图 5-73 所示。

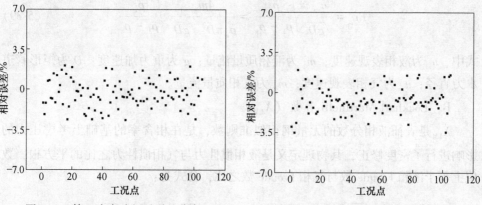

图 5-71 第一次实验相对误差分布　　　　图 5-72 第二次实验相对误差分布

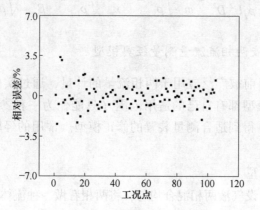

图 5-73 第三次实验相对误差分布

　　修正后的相含率测量模型的测量效果更好，液相含率相对误差在 3.5% 以内。将此相含率计算模型作为最终的相含率测量模型。通过与两相差压值的结合，可以获得两相流流量测量模型。

5.5.2　气液两相流流量测量模型

5.5.2.1　气液两相流关键参数

A　弗劳德（Froude）数

Froude 数的定义是：流体惯性力与重力的比值，分为液相 Froude 数及气相 Froude 数，是表征流体流速的参数，公式为：

$$Fr_1 = \frac{u_{sl}}{\sqrt{gD}}\sqrt{\frac{\rho_1}{\rho_1 - \rho_g}} = \frac{4m_1}{\rho_1 \pi D^2 \sqrt{gD}}\sqrt{\frac{\rho_1}{\rho_1 - \rho_g}} \tag{5-38}$$

$$Fr_g = \frac{u_{sg}}{\sqrt{gD}}\sqrt{\frac{\rho_g}{\rho_1 - \rho_g}} = \frac{4m_g}{\rho_g \pi D^2 \sqrt{gD}}\sqrt{\frac{\rho_g}{\rho_1 - \rho_g}} \tag{5-39}$$

式中，u_{sl} 为液相表观速度；m_1 为液相质量流量；g 为重力加速度；D 为矩形管道水力直径；u_{sg} 为气相表观速度；m_g 为气相质量流量。

B　Lockhart-Martinelli 参数（X_{LM}）

X_{LM} 是表征液相分数的无量纲相似准则数，是在相含率的基础上考虑压力的影响进行了密度修正，其物理定义是液相惯性力与气相惯性力之比的平方根，数值上等于液相 Froude 数与气相 Froude 数之比，公式为：

$$X_{LM} = \sqrt{\frac{\rho_1 U_{sl}^2 D^2}{\rho_g U_{sg}^2 D^2}} = \frac{m_1}{m_g}\sqrt{\frac{\rho_g}{\rho_1}} = \frac{1-x}{x}\sqrt{\frac{\rho_g}{\rho_1}} = \frac{1-\beta_g}{\beta_g}\sqrt{\frac{\rho_1}{\rho_g}} = \frac{Fr_1}{Fr_g} \tag{5-40}$$

5.5.2.2　气液两相流流量测量经典模型

　　差压流量计目前被广泛应用于两相流量的计量，通过实验产生了许多经验模型。虽然每个模型都有自己的适用范围（只能作为一种参考），但可以对模型进行参数修正，得到适合测量装置的修正模型。常用的经验模型主要有以下几种。

A　均相流模型

均相流模型假设气液两相混合均匀，将两相看做一种流体。均相流模型流量测量公式为：

$$W_m = \frac{C\varepsilon\beta^2 A}{\sqrt{1-\beta^4}} \sqrt{\frac{2\Delta p_{tp}\rho_l\rho_g}{(1-x)\rho_g + x\rho_l}} \tag{5-41}$$

式中，W_m 为两相质量流量；C 为流出系数；Δp_{tp} 为两相差压，Pa；x 为干度。

B 分相流模型

分相流模型假设管道中气相与液相完全分开，两相流过节流件产生的差压等于各单相流过节流件产生的差压。其流量测量模型为：

$$W_m = \frac{C\varepsilon\beta^2 A\sqrt{2\Delta p_{tp}\rho_g}}{\sqrt{1-\beta^4}\left[x + (1-x)\sqrt{\dfrac{\rho_g}{\rho_l}}\right]} \tag{5-42}$$

分相流模型是一个理想模型，完全不考虑气液两相流动中的复杂变化，但它指导了流量模型的研究方向，很多具有较高精度的经验模型就是通过对分相流模型的修正得到的。

C Murdock 模型

Murdock 模型是基于孔板流量计与分相流模型建立的测量模型，公式为：

$$W_m = \frac{C\varepsilon\beta^2 A\sqrt{2\Delta p_{tp}\rho_g}}{\sqrt{1-\beta^4}\left[x + 1.26(1-x)\sqrt{\dfrac{\rho_g}{\rho_l}}\right]} \tag{5-43}$$

D 林宗虎模型

林宗虎通过大量实验提出 Murdock 模型中的常量 1.26 应该是一个变量 θ，并且是关于气液密度比的函数。通过实验拟合了 θ 的计算式，最终得到了对应的流量测量公式（5-44）。

$$W_m = \frac{C\varepsilon\beta^2 A\sqrt{2\Delta p_{tp}\rho_g}}{\sqrt{1-\beta^4}\left[x + \theta(1-x)\sqrt{\dfrac{\rho_g}{\rho_l}}\right]} \tag{5-44}$$

E Bizon 模型

Bizon 对孔板、文丘里管进行大量实验，得到新的差压关系式与流量测量公式。

$$\sqrt{\frac{\Delta p_{tp}}{\Delta p_g}} = a + b\sqrt{\frac{\Delta p_l}{\Delta p_g}} \tag{5-45}$$

$$W_m = \frac{C\varepsilon\beta^2 A\sqrt{2\Delta p_{tp}p_g}}{\sqrt{1-\beta^4}\left[ax + b(1-x)\sqrt{\dfrac{\rho_g}{\rho_l}}\right]} \tag{5-46}$$

其中，系数 a、b 与等效节流比 β 有关，见表 5-4。

表 5-4 Bizon 模型系数

等效节流比 β		0.45	0.58	0.7
系数	a	1.0372	1.0426	1.0818
	b	1.0789	1.0779	0.9999

5.5.2.3 经典模型误差对比分析及修正

根据第 4 章计算的流出系数 C, 第 4.1 节的相含率测量模型计算干度 x 与 X_{LM}, 采集的分路及实验管段的温度、压力计算工况条件下管道内气相和液相的密度, 将第一组实验的两相差压带入 5.5.2.2 节的 5 个经验模型, 计算得到两相质量流量, 并与实际两相质量流量相比较计算相对误差。

由图 5-74 ~ 图 5-79 可知, 所有模型对液相流量小于 $2m^3/h$ 的工况点流量测量相对误差均很大。根据两相实验时对测量管段的观察, 发现在这些工况点下测量装置收缩段存在液相倒流现象, 影响了两相差压。所以本装置两相流量测量下限为液相流量 $2m^3/h$, $2m^3/h$ 以下的数据不具有参考价值。

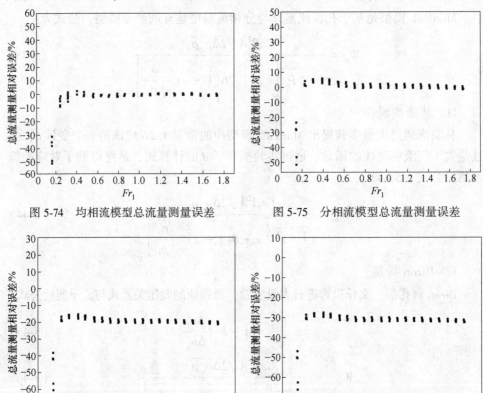

图 5-74 均相流模型总流量测量误差   图 5-75 分相流模型总流量测量误差

图 5-76 Murdock 模型总流量测量误差   图 5-77 林宗虎模型总流量测量误差

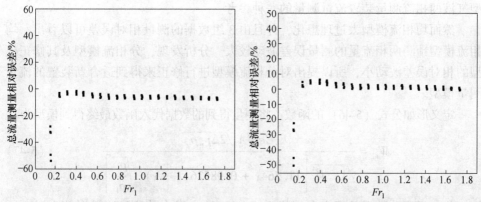

图 5-78　Bizon 模型总流量测量误差（$\beta = 0.45$）　图 5-79　Bizon 模型总流量测量误差（$\beta = 0.7$）

由表 5-5 可知，在液相流量大于 $2\mathrm{m}^3/\mathrm{h}$ 的工况点均相流模型、分相流模型、Bizon 模型（$\beta = 0.7$）对本实验均有较好的预测能力；均相流模型效果最好，对弹状流流量测量误差小于 6%，过渡流型及泡状流流量测量误差小于 2%。

表 5-5　经典模型相对误差及平均误差对比表（液相流量大于 $2\mathrm{m}^3/\mathrm{h}$）　　（%）

类型	均相流	分相流模型	Murdock 模型	林宗虎模型	Bizon 模型 ($\beta = 0.45$)	Bizon 模型 ($\beta = 0.7$)
最大相对误差	5.88	5.85	21.28	32.54	8.08	6.29
平均误差	0.90	1.84	19.13	30.72	5.59	1.83
均方根误差	1.21	2.47	19.18	30.75	5.8	2.45

将其余两组实验数据代入均相流模型，大于 $2\mathrm{m}^3/\mathrm{h}$ 时的相对误差如图 5-80 与图 5-81 所示。

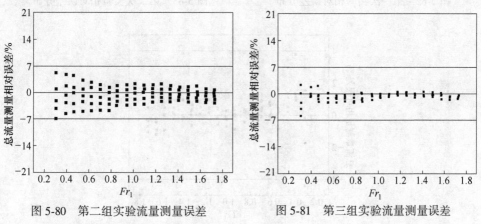

图 5-80　第二组实验流量测量误差　　　图 5-81　第三组实验流量测量误差

均相流模型对于三组数据均有较好的预测效果，弹状流流量测量相对误差小于 7%，过渡流型及泡状流流量测量误差小于 3%。因此，均相流模型可以作为新型气液两相流测量装置流量测量的一种参考。

　　然而均相流模型太过理想化，并且由 3 组数据的测量相对误差可以看出，均相流模型预测两相流量的测量误差波动较大。分析发现，分相流模型及其修正模型的相对误差波动小，所以提出对分相流模型进行修正来得到适合新装置的流量测量模型。

　　定义形如公式（5-46）的函数，将测量得到的数据代入函数最终得到模型为：

$$W_{\mathrm{m}} = \frac{C\varepsilon\beta^2 A \sqrt{2\Delta p_{\mathrm{tp}}\rho_{\mathrm{g}}}}{\sqrt{1 - \beta^4}\left[11.564x + 0.98526(1 - x)\sqrt{\dfrac{\rho_{\mathrm{g}}}{\rho_{\mathrm{l}}}}\right]} \tag{5-47}$$

　　将 3 组实验数据及真实含率代入式（5-47），得出总流量测量误差小于 4%，说明修正模型的测量效果好于经典模型，图 5-82～图 5-84 是 3 组实验与计算含率得到的总流量测量相对误差。

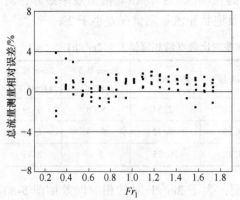

图 5-82　第一次实验相对误差分布

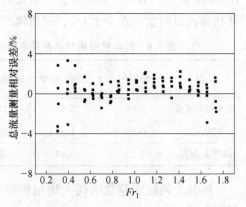

图 5-83　第二次实验相对误差分布

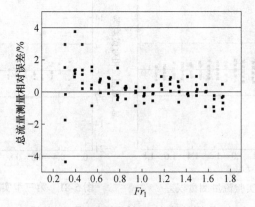

图 5-84　第三次实验相对误差分布

由图 5-82~图 5-84 可知，修正模型测量两相流总流量效果较好，总流量测量误差小于 4.5%。因此，可以将修正模型作为两相流总流量测量模型。

5.5.3 基于两相差压的流量测量模型

对一个确定的流量计来说，如果通过流量计的流体具有确定的相含率和流量，那么流量计的差压会是一个定值，所以通过建立差压、相含率、流量三者的函数并结合相含率测量模型就可以得到流量。由 X_{LM} 的公式可知，Fr_l 与 Fr_g 既包含流量又包含含率，故以 Fr_g 为 x 轴，Fr_l 为 y 轴，两相差压为 z 轴，画出变化关系图，即图 5-85。

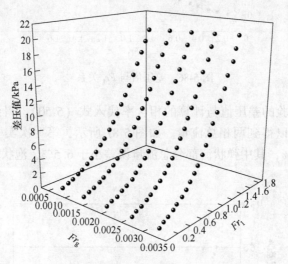

图 5-85　差压值与 Fr_g、Fr_l 关系

由图 5-85 可知，差压与两相弗劳德数有着密切的关系。差压值主要受到 Fr_l 的影响，同一 Fr_g 条件下随着 Fr_l 增大而差压增大；同一 Fr_l 下随着 Fr_g 的增大而差压增大，整体差压受到 Fr_g、Fr_l 影响具有普遍性。由图 5-86 可知，在 Fr_g 是一个定值时，差压与 Fr_l 的关系式形如：

$$\Delta p_{tp} = A \times e^{B \times Fr_l} + C \tag{5-48}$$

考虑 Fr_g 的影响，经过对 Fr_g 的修正得到差压的关系式为：

$$\Delta p_{tp} = A \times e^{B \times Fr_l} + C \times Fr_g + D \tag{5-49}$$

利用第一组实验数据，采用非线性回归的方法得到参数为：$A = 5.14522$；$B = 0.94534$；$C = 151.39082$；$D = -6.58347$。

对一个已知相含率的两相流体，Fr_g、Fr_l 具有确定的关系，所以式（5-49）可以变形为：

$$\Delta p_{tp} = 5.14522 \times e^{0.94534 \times Fr_1} + 151.39082 \times \frac{Fr_1\beta_g}{1 - \beta_g}\sqrt{\frac{\rho_g}{\rho_1}} - 6.58347 \quad (5\text{-}50)$$

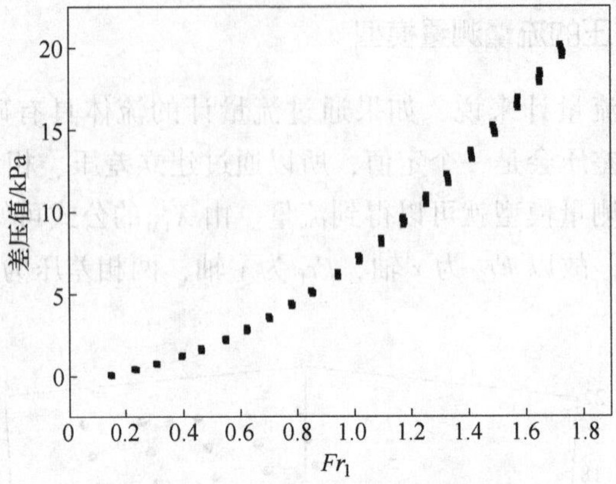

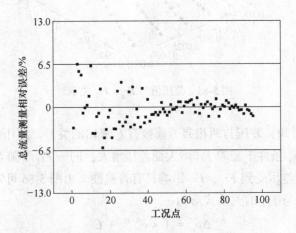

图 5-86 差压值与 Fr_1 关系

将第 1 组实验的差压值与计算的相含率代入式（5-50），得到 Fr_1，通过 Fr_1 与相含率最终可以得到两相总流量。如图 5-87 所示，第一次实验总流量测量相对误差小于 6.5%，其中弹状流部分总流量误差小于 6.5%，泡状流总流量误差小于 1.5%。

图 5-87 第一次实验总流量测量相对误差

将其余两组数据代入式（5-50）验证，得到总流量测量的相对误差如图 5-88 和图 5-89 所示。

综上所述，3 组实验数据的总流量测量的相对误差均在 6.5% 以内，说明可以利用差压结合相含率测量模型求得两相总流量。

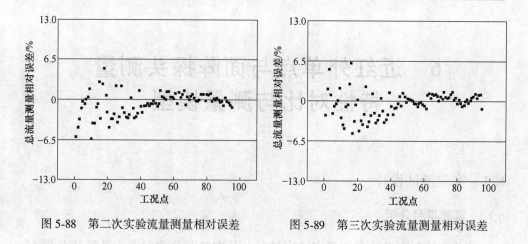

图 5-88　第二次实验流量测量相对误差　　　图 5-89　第三次实验流量测量相对误差

参 考 文 献

[1] 王东星. 基于矩形差压流量计的近红外系统结构优化及测量模型研究 [D]. 保定：河北大学，2018.

[2] 方立德，梁玉娇，李小亭，等. 基于近红外技术的气液两相流检测装置 [J]. 电子测量与仪器学报，2014（5）：528~532.

6 近红外单点与面阵探头测量
特性对比与测量模型

6.1 实验测试设计

6.1.1 实验平台介绍

实验在最新改进的多相流实验室进行，其中气路分为两路，其管径分别为 DN10、DN40，标准表为科里奥利质量流量计，其精度为 0.1 级。利用空压机作为气源，首先连接稳压罐，气体从空压机出来后进入稳压罐，稳压罐的目的是保证气体流速稳定，气体从稳压罐出来后连接干燥机和恒温槽，保证单相气长实验的过程中气体的干燥以及防止气体的温度随实验时间的延长而发生大的改变。水路分为 3 路，其管径为 DN10、DN32 及 DN40，水路流量标准表为电磁流量计，其测量精度为 0.2%，液体循环使用，动力设备选择格兰富水泵，其功率为 11kW，可变频控制，液体从储存罐出来之后有三路可以选择，不同的管径对应不同的范围，以方便对不同流量进行调节。差压变送器测量精度为 0.065%。图 6-1 为实验室现场布置情况。

图 6-1 实验室现场

实验时上位机使用 LABVIEW 设计控制界面，上位机连接控制柜，控制柜主要使用西门子S7-1200PLC模块以及继电器进行控制。实验室所有的开关可全部通过上位机控制,实验操作过程中,红色代表开关阀或调节阀关闭,绿色代表开启,实验控制界面的左下角三路为水路,下两路DN32,DN40安装有调节阀,可按百分比控制开度,以此配合变频器调节水路流量,实验控制界面的右上角两路为气路,其中DN40管道安装有调节阀。另外,操作员可以通过采集界面直接观察采集数据的大小,方便控制。实验数据采集控制界面包括三相流数据采集和压力温度表采集。界面的左侧是瞬时值显示,显示标准表和温度、压力表的瞬时值,可进行流量的监控,观察系统是否正常运行。系统控制界面、实验管段采集界面如图6-2和图6-3所示。

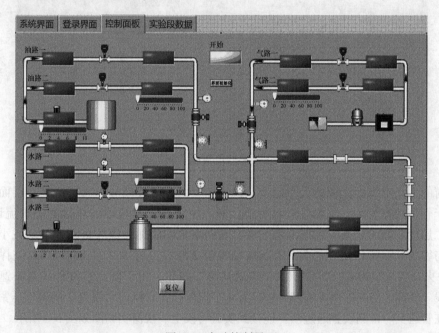

图6-2 实验控制界面

6.1.2 长喉颈文丘里装置和矩形视窗装置结构比较

图5-2所示为矩形视窗装置在收缩段6和扩张段7得到正视图的节流装置,节流件为两个梯形,喉部板间距、收缩角和扩张角需要由仿真确定。矩形主管道1边长为L,流体从前直管段流入,流经收缩段6、喉部8及扩张段7,流入后直管段。收缩段6起到的是节流作用,扩张段7起到恢复压力与流速、减小压力损失的作用,流体在喉部8处收缩,并且产生压力差。在主体管段以及喉部设置两个取压孔3,并焊接取压管,取压孔分别位于距离收缩段6左右各0.5L处。在矩形主管道1的喉部8处设计两个有机玻璃视窗2,视窗处可放置近红外检测装置,

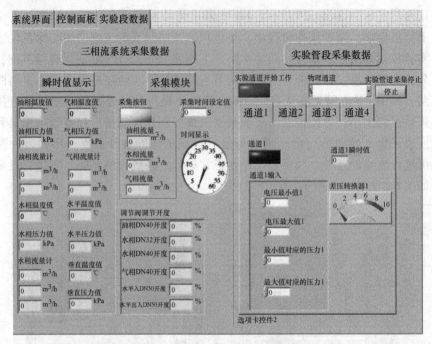

图 6-3　实验管段数据采集界面

视窗的大小根据面光源的大小定制。视窗 2 上的有机玻璃分为两层，第一层面积等于管道视窗大小，主要是嵌入管道，嵌入主管道 1 并且不破坏检测装置流道；第二层面积较大并附着在第一层之上，在两层之间添加的橡胶垫圈 5 起到减小振动与密封和保护作用。在两个有机玻璃视窗 2 外设置有不锈钢支撑板 4，支撑板 4 中央开较大矩形孔，其面积大于玻璃视窗 2 面积，用于防止近红外装置不遮挡光线。喉部 8 与支撑板 4 的四个边角有 4 个螺丝孔，有机玻璃视窗 2 用螺丝压紧固定在管道上。检测装置通过法兰连接到实验管段上。视窗实物图如图 5-4 所示。

长喉颈文丘里测量装置结构图如图 4-7 所示。

长喉颈文丘里测量装置是以文丘里管道作为基础结构，将文丘里管道的喉部加长并设计一个可以布置近红外测量系统的结构。另外，在管道设计取压孔，最终达到差压与近红外信号值同时测量的目的。装置整体结构为一个长喉颈文丘里管，A 端为流体入口，B 端为流体出口。连接方式也是通过法兰盘相连接，法兰盘位于前管段 1 的 A 端与后管段 2 的 B 端。为了能够设计红外光穿透装置，先将整个装置的喉部断开，设计细螺纹与螺母结构，使得两部分能够相连接，在管道的内部嵌入一个内嵌透明管段 3，内嵌透明管段是透光性较好，并且对近红外光几乎不吸收的石英材质玻璃管，透明管段前后端用橡胶和密封胶进行密封。在长喉颈文丘里装置收缩管段入口前端设计取压孔 4，喉管位置设计取压孔 5，并焊接取压管，用于连接差压变送器测量差压数据。近红外测量装置的设计是在装置的喉管部的管壁上取两组相对通孔，作为近红外探头的光路通道。为了避免探头装在管道上发生由于管道的振动影响数据的测量，在通孔上焊接固定细管 6，再设计一个带孔的压紧螺栓 7 压紧固定，从而对近红外探头进行定位，尽量消除振动对红外信号测量结果的影响。

6.1.3 单相流与两相流工况点设计

在长喉颈文丘里装置和矩形视窗装置两相流实验中，分别有单相流实验和两相流实验。单相实验分为单相水和单相气实验，单相实验的目的是验证近红外光线强度的减弱只与两相中液相的含率有关系，与介质的流速没有关系，以及利用单相水实验确定装置的流出系数，为后续流量的分析提供依据。单相流红外验证实验设计工况点为单相水的流量为 $1 \sim 8 m^3/h$，间隔为 $1 m^3/h$，单相气为 $0 \sim 50 m^3/h$ 的空气，间隔为 $5 m^3/h$。

两相流的流型分别包含泡状流、环状流和弹状流，实验选择在多相流实验系统中的垂直上升实验管段进行，流动介质为空气与水混合的两相流，其中泡状流工况点为液相流量为 $7 m^3/h$、$8 m^3/h$、$9 m^3/h$、$10 m^3/h$、$11 m^3/h$，间隔为 $1 m^3/h$，气相流量为 $0.3 m^3/h$、$0.4 m^3/h$、$0.5 m^3/h$、$0.6 m^3/h$、$0.7 m^3/h$、$0.8 m^3/h$，间隔为 $0.1 m^3/h$，一共有 30 组工况点，每组重复测量 3 次，一共测 90 组近红外数据和差压数据。环状流流型之下，液相流量分别是 $0.1 m^3/h$、$0.2 m^3/h$、$0.3 m^3/h$、$0.4 m^3/h$、$0.5 m^3/h$、$0.6 m^3/h$，气相流量为 $10 m^3/h$、$15 m^3/h$、$20 m^3/h$、$25 m^3/h$、$30 m^3/h$、$35 m^3/h$，有 36 组工况点，每组重复测量 3 次，一共测 108 组近红外数据和差压数据。弹状流实验的液相流量为 $1 m^3/h$、$2 m^3/h$、$3 m^3/h$，气相流量分别为 $0.3 m^3/h$、$0.4 m^3/h$、$0.5 m^3/h$、$0.6 m^3/h$、$0.7 m^3/h$、$0.8 m^3/h$，每组重复测量 3 次，一共测 54 组近红外数据和差压数据。三种流型工况点设置情况见表 6-1 ~ 表 6-3。

表 6-1　泡状流工况点设置情况 　　　　　　　　　　(m^3/h)

工况点	水流量	气流量	工况点	水流量	气流量	工况点	水流量	气流量
1	7	0.3	11	8	0.7	21	10	0.5
2	7	0.4	12	8	0.8	22	10	0.6
3	7	0.5	13	9	0.3	23	10	0.7
4	7	0.6	14	9	0.4	24	10	0.8
5	7	0.7	15	9	0.5	25	11	0.3
6	7	0.8	16	9	0.6	26	11	0.4
7	8	0.3	17	9	0.7	27	11	0.5
8	8	0.4	18	9	0.8	28	11	0.6
9	8	0.5	19	10	0.3	29	11	0.7
10	8	0.6	20	10	0.4	30	11	0.8

表 6-2　环状流工况点设置情况　　　　　　　　（m³/h）

工况点	水流量	气流量	工况点	水流量	气流量	工况点	水流量	气流量
1	0.1	10	13	0.3	10	25	0.5	10
2	0.1	15	14	0.3	15	26	0.5	15
3	0.1	20	15	0.3	20	27	0.5	20
4	0.1	25	16	0.3	25	28	0.5	25
5	0.1	30	17	0.3	30	29	0.5	30
6	0.1	35	18	0.3	35	30	0.5	35
7	0.2	10	19	0.4	10	31	0.6	10
8	0.2	15	20	0.4	15	32	0.6	15
9	0.2	20	21	0.4	20	33	0.6	20
10	0.2	25	22	0.4	25	34	0.6	25
11	0.2	30	23	0.4	30	35	0.6	30
12	0.2	35	24	0.4	35	36	0.6	35

表 6-3　弹状流工况点设置情况　　　　　　　　（m³/h）

工况点	水流量	气流量	工况点	水流量	气流量
1	1	0.3	10	2	0.6
2	1	0.4	11	2	0.7
3	1	0.5	12	2	0.8
4	1	0.6	13	3	0.3
5	1	0.7	14	3	0.4
6	1	0.8	15	3	0.5
7	2	0.3	16	3	0.6
8	2	0.4	17	3	0.7
9	2	0.5	18	3	0.8

6.1.4　近红外波长选定实验

6.1.4.1　气-水两相流近红外波长选定实验

实验前期梁玉娇同学利用近红外光谱仪进行扫波，测量水对不同波长的近红外光线的吸收度，扫波范围为 800~2550nm，所用试管为 0.8cm×4.2cm 的石英玻璃管。扫描结果如图 6-4 所示。

通过观察图 6-4 发现，有机玻璃材料对红外波段具有吸收作用，在 800~1200nm 波长范围与水的吸光度相差不多，某些波段内有机玻璃的吸收作用比水的吸收作用还要大，所以不能使用有机玻璃进行实验。而石英玻璃对红外光的吸收几乎为 0，所以实验中测量段的材质要采用石英玻璃。另外，图 6-4 中显示 800~1300nm 波长范围内，吸光度小于 0.5，在 1000nm 和 1200nm 波长范围左右

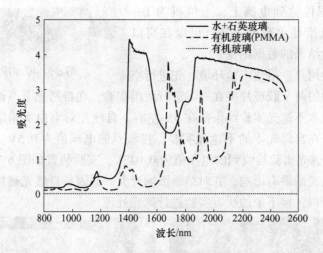

图 6-4　吸光度测量曲线图

有两个小的吸收峰。此时的吸光度比较小，适合一般含水率的测量。当波长大于 1300nm 以后，吸光度超过 1，水对近红外的吸收非常强，已经不合适一般含水率的测量，所以不建议选择此波段波长。本实验试管内水厚度为 0.8cm，所以波长超过 1300nm 的红外线可以尝试应用在测量含水率较小的情况。综上所述，通过测试水、有机玻璃、石英玻璃三种材料对水的吸光度实验，为了使后期实验的实验效果更准确，结合参考文献，选择近红外波长为 980nm 进行实验，测量管段选择石英玻璃，其吸光度忽略不计。

6.1.4.2　油–水两相近红外波长选定实验

伴随着石油开采技术的进步和需要，原油含水率的测量变得尤为重要，直接影响原油的开采、脱水、销售等各个环节。一种原油含水率计量仪器对原油的开采、预测油井开发寿命具有减少能耗、降低成本的重大意义和实用价值。所以在确定气-水两相流波长的基础上增加了油水两相流最适波长的研究工作。因为气-水两相流实验使用的近红外光谱仪测量试管的厚度为 0.8cm，在油水两相流时，因为原油的黑度很大，透光性很差，近红外光谱仪不再适用。因此改用 Fianium 超连续激光器，它是能够发射 1000～1700nm 波长的连续近红外光。实验方法采用压片法，利用载玻片将原油进行压片，两个载玻片中间夹三张标准的 A4 纸，每张 A4 纸的厚度使用千分尺测得为 0.009mm，三张为 0.027mm。压片法的好处就是减少原油的厚度，尽最大可能地透过红外光线。本实验的目的是得到近红外光对原油穿透的最佳频率或者最佳频段，为后面的含水率实验做准备。原油压片如图 6-5 所示。

光束从光源发出后，穿过夹有原油的载玻片后被光电接收器接收。利用数据

采集卡将数据传输到电脑上，上位机为 Lab
View，可以直接导出数据，并且可以在窗口
观察每次实验结果的数据图像。

图 6-5　原油压片图

　　准备实验用具，搭建实验环境。先进行空
白实验，将油的两个载玻片夹在一起进行两组实验，在自然光下不遮光实验和遮
光实验。遮光和不遮光实验结果都在 5V 左右。自然光对空白实验影响并不能通
过数据显示。在自然光下的不遮光实验，接收到的电压值为 0.5V，实验装置如
图 6-6 所示。遮光实验接收到的电压值为 0.043V，实验装置如图 6-7 所示。这表
明自然光对实验结果有影响，并对结果影响变大，原因是自然光被接收后会进行
光电转换。所以，接下来的所有实验进行遮光处理。

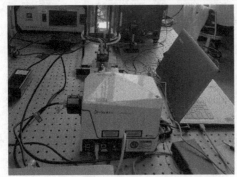

图 6-6　不遮光实验图　　　　　　　　　　图 6-7　遮光实验处理图

　　进行以 10nm 为间隔的扫波实验，扫波的波长为 1000~1700nm。实验同样进
行遮光处理。最后确定最好的波长范围为 1000~1100nm，图 6-8 是该波段的扫波
图像。

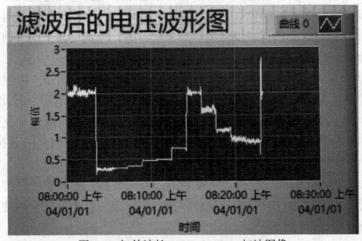

图 6-8　红外波长 1000~1100nm 扫波图像

对图 6-8 分析发现，在红外波长为 1060nm 时接收到的电压值是最大的，因此把波长定在 1060nm 进行测试，接收到的电压值为 2.25V。确定最优波长之后，可以设计一种新的压片结构，安装单个波长为 1060nm 波长的红外探头进行实验测试和数据分析，最后目的是设计一种新的油水两相流含水率测量仪表。

6.2 实验装置测量数据分析对比

6.2.1 两种实验装置的单相流红外实验

本实验在河北大学多相流实验室完成，在长喉颈文丘里装置和矩形视窗装置做单相流、两相流实验中所使用的近红外光测量波长均为 980nm。首先进行长喉颈文丘里装置和矩形视窗装置的单相水实验，考虑到实验过程中近红外信号和差压信号同时测量，两种装置都具有节流的作用，如果两个装置一起接在垂直管道中，两个装置会一上一下，这样前一个装置的节流作用可能会影响到后一个装置的流速，使得后面装置的差压信号出现误差。此外，把装置接入管道后，在水流速度小的情况下，实验过程比较稳定，但是随着水流速度的增加，在透明管部分发现了小气泡；考虑到第一个装置节流之后，在扩张管部分，可能出现小气泡，会影响后一个装置的近红外数据的测量。单相水红外实验的目的是证明在单相流的情况下，近红外信号仅与管道的含水量有关，与单相介质的流速无关。实验中，只打开单相水的开关，首先将水流量调节到 1m³/h，等待 2min，实验管道中的水流量稳定后开始实验，分别采集近红外信号以及差压信号以及管道流量、温度、压力等参数。两种管道的测量数据分布如图 6-9 和图 6-10 所示。

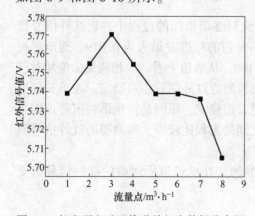 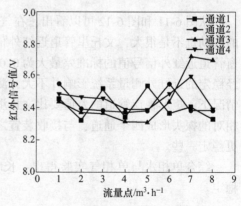

图 6-9　长喉颈文丘里管道单相水数据分布图　　图 6-10　矩形视窗管道单相水数据分布图

从图 6-9 和图 6-10 可以看出，在水流量逐渐增加的过程中，近红外信号值的波动并不是很大，文丘里管道近红外信号值的标准差为最大为0.019，而矩形视窗管道近红外信号值的标准差最大为0.16，从数据分析得到，长喉颈文丘里管道所测得的红外信号值更稳定。其原因是：矩形视窗管道使用的是面光源，有四个相对的探头形成四个通道，由于面光源的面积比较大，而接收装置是点接收，在水流量增加的时候管道可能出现振动导致差值会增大。由此看出，文丘里管道所测得的红外信号值更稳定一些。

另外，单相气流实验与单相水流实验相同，两种管道分开进行，分别通入0~50m³/h的空气。首先测量在0流量下（即空管状态下）的近红外信号和差压变送器信号，打开空压机，待稳压罐压力稳定和管道气流流速稳定后，随着气相流量的逐渐增大，分别采集近红外信号、差压变送器信号以及管道的流量、温度、压力等参数。两种管道的测量数据分布如图6-11和图6-12所示。

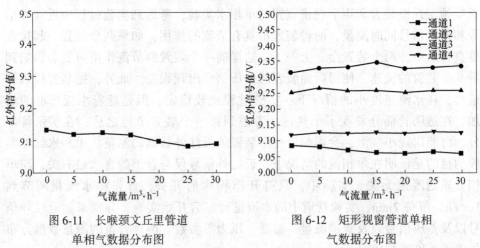

图6-11　长喉颈文丘里管道　　　　图6-12　矩形视窗管道单相
　　单相气数据分布图　　　　　　　气数据分布图

从图6-11和图6-12可以看出，在气流量逐渐增加的过程中，近红外信号值的波动也不是很大，文丘里管道近红外信号值的标准差最大为0.019，而矩形视窗管道近红外信号值的标准差最大为0.0108，从数值上看，气相流量的增加对已经稳定的近红外测量系统影响并不大，测得的近红外信号相对稳定。在单相气的情况下，矩形视窗管道的差值要比文丘里管道稳定，原因是：矩形视窗管道四个相对的探头形成四个通道，与接收装置之间的光程比较短，所测得的红外信号值更稳定一些。

综合单相水与单相气实验得出：长喉颈文丘里管道所测得的红外信号值更稳定。

6.2.2　两种实验装置的泡状流两相流红外实验

在实验室上位机正确操作，将实验管路开关打开，首先检验管路。然后打开实验采集系统软件，并进行零点修正，将系统初始化，设置近红外光强信号采样频率为1000Hz，采样时间为15s；差压信号采样频率为200Hz，采样时间为30s。将近红外发射探头与接收探头直接对接，测量稳定性，等待稳定之后开始实验测量。首先采集管道满水状态以及空管状态下近红外信号值的数据，各采集3组。然后调节气相、水相的流量至预期设置的流量值，进行实验，每次调节气相、水相流量之后等待2min，通过观察水平和垂直的透明管道的流型情况，待管内两相流流动稳定后开始采集对应工况点实验数据。

经过对数据的处理，在管道下面为泡状流情况下，固定液相流量，气相流量为0.3m³/h、0.4m³/h、0.5m³/h、0.6m³/h、0.7m³/h、0.8m³/h情况下，长喉颈文丘里管道和矩形视窗管道近红外信号值与流量的关系如图6-13~图6-22所示。

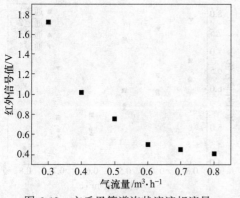

图6-13 文丘里管道泡状流液相流量为7m³/h时数据分布图

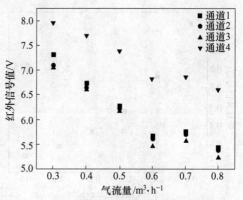

图6-14 矩形视窗管道泡状流液相流量为7m³/h时数据分布图

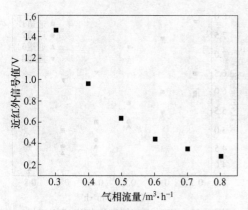

图6-15 长喉颈文丘里管道泡状流液相流量为8m³/h时数据分布图

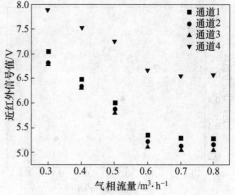

图6-16 矩形视窗管道泡状流液相流量为8m³/h时数据分布图

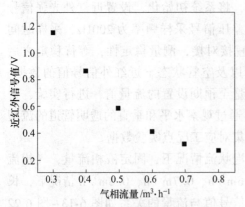

图 6-17　长喉颈文丘里管道泡状流液相流量
　　　　　为 9m³/h 时数据分布图

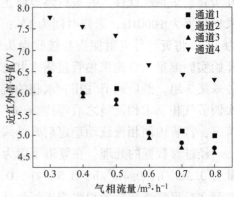

图 6-18　矩形视窗管道泡状流液相流量
　　　　　为 9m³/h 时数据分布图

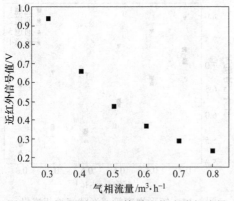

图 6-19　长喉颈文丘里管道泡状流液相流量
　　　　　为 10m³/h 时数据分布图

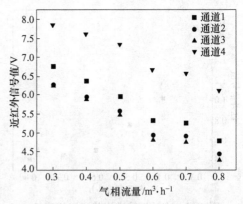

图 6-20　矩形视窗管道泡状流液相流量
　　　　　为 10m³/h 时数据分布图

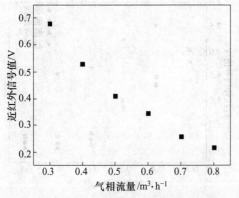

图 6-21　长喉颈文丘里管道泡状流液相流量
　　　　　为 11m³/h 时数据分布图

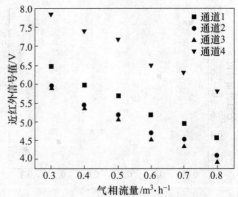

图 6-22　矩形视窗管道泡状流液相流量
　　　　　为 11m³/h 时数据分布图

从图6-13~图6-22可以看出，在管道内流型为泡状流的情况下，固定液相为一个值的时候，随着气相流量的不断增加，近红外管道的信号值出现一定规律的减小，长喉颈文丘里管道及矩形文丘里管道均呈反比例函数的减小趋势，原因在于随着气相的相含率的增加，管道中的气泡相对增多，近红外光线照射的时候，随着气泡的增多，其对光线的反射和折射也就增加。在泡状流情况下，气相流量决定气相的相含率以及管道中的气泡数量，而这种反比例函数的规律表现的就是气相的相含率与近红外管道接收值之间的关系，其中长喉颈文丘里管道的减小趋势更加明显。

在长喉颈文丘里管道装置下，固定液相流量时，随着气相流量的增大近红外信号值衰减的速度变得缓慢，说明液相流量对近红外信号的衰减影响比较大；在不同的液相流量下两个量的函数关系是不相同的，所以进行拟合函数关系必须考虑流量点的情况。在矩形视窗管道情况下经过观察图6-14和图6-16，气相流量增加到$0.7m^3/h$和$0.8m^3/h$的时候4个通道近红外信号值出现一个回弹的现象，原因是该管道视窗部分的管径比长喉颈文丘里管道小，随着气相流量增加管道内部的气泡增多，在经过节流装置时，在经过缩颈时气泡出现汇聚的现象，由小气泡汇聚成大气泡之后经过管道导致近红外数值增加，观察图6-16、图6-18和图6-20发现，随着液相流量增大，这种现象就消失了，原因是随着液相流速的增大气泡在较大的流速中不会出现汇聚的情况，测量得到近红外数值呈现一直减小的趋势；由图6-22可以看出这种趋势类似一次函数。由此可见，矩形视窗管道可能不适用两相流的测量，而是在利用缩颈的方法减少近红外信号损失的时候，缩颈的大小需要控制在合适的范围，不同的缩颈对测量结果的影响差距比较大。

除了固定液相流量的情况之外，考虑在固定气相流量不变，而水流量变化时，其数据会出现什么规律。固定气相流量，两种管道泡状流的近红外信号值与流量数据分布实验结果如图6-23~图6-34所示。

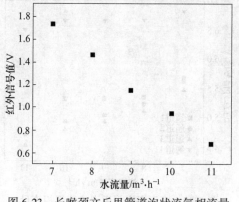

图6-23　长喉颈文丘里管道泡状流气相流量
　　　　为$0.3m^3/h$时数据分布图

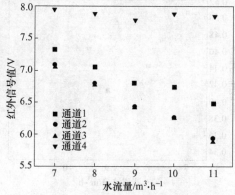

图6-24　矩形视窗管道泡状流气相流量
　　　　为$0.3m^3/h$时数据分布图

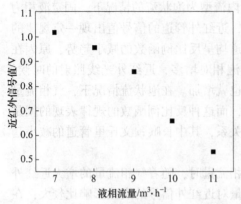

图 6-25　长喉颈文丘里管道泡状流气相流量
为 0.4m³/h 时数据分布图

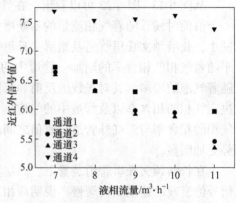

图 6-26　矩形视窗管道泡状流气相流量
为 0.4m³/h 时数据分布图

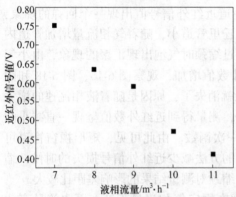

图 6-27　长喉颈文丘里管道泡状流气相流量
为 0.5m³/h 时数据分布图

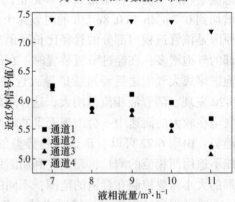

图 6-28　矩形视窗管道泡状流气相流量
为 0.5m³/h 时数据分布图

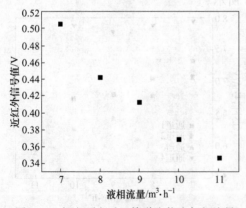

图 6-29　长喉颈文丘里管道泡状流气相流量
为 0.6m³/h 时数据分布图

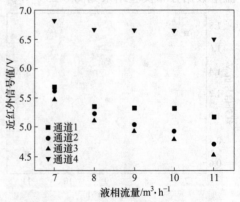

图 6-30　矩形视窗管道泡状流气相流量
为 0.6m³/h 时数据分布图

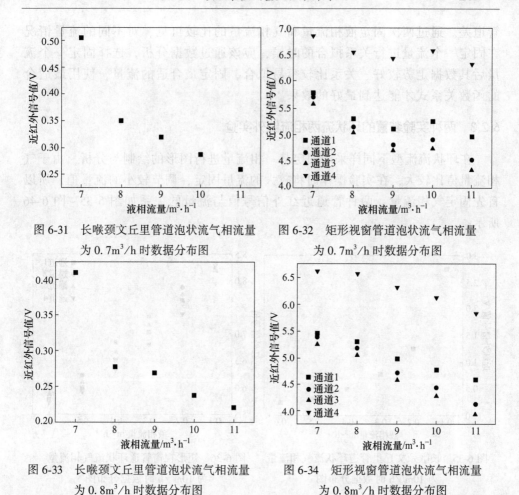

图 6-31　长喉颈文丘里管道泡状流气相流量
　　　　为 0.7m³/h 时数据分布图

图 6-32　矩形视窗管道泡状流气相流量
　　　　为 0.7m³/h 时数据分布图

图 6-33　长喉颈文丘里管道泡状流气相流量
　　　　为 0.8m³/h 时数据分布图

图 6-34　矩形视窗管道泡状流气相流量
　　　　为 0.8m³/h 时数据分布图

　　观察图 6-23～图 6-34 可以看出，在固定一个气相流量时，随着液相流量的增加，长喉颈文丘里管道与矩形视窗管道所表现的近红外信号值变化均为随着水流量的增加近红外信号值减小，也是呈现一种反比例函数的关系。其原因是：液相流量增加时液相的相含率也随之增加，液相含率的增加直接导致水对近红外光的吸收增加，近红外信号值减小，最后表现为如图所示的反比例函数关系。通过长喉颈文丘里管道数据分布图可以发现，数据的趋势并没有固定液相流量的趋势好，拟合的难度较大。而矩形视窗管道的通道 4 中的数据走势并不是很明显，原因可能是通道 4 是靠近管道的边缘，而且是在与管道水平时的上端同侧的边缘，在气相流量小时气相相含率较小，其在矩形视窗中分布不均匀才导致通道 4 与通道 1 虽然都在管道边缘但是数据分布不一样，但是随着气相流量的增大，这种情况逐渐好转，4 个通道的数据分布规律逐渐明显，但是矩形视窗管道数据分布规律整体还是比长喉颈文丘里管道差。通过两次固定液相流量和气相流量的比较可见，对不同的流量情况在固定一个流量进行关系拟合的时候，应该通过数据分析，选择固定一个流量后其数据走势较好、关系比较容易拟合，固定最合适的流量，使用最适合的函数关系式才能达到最好的效果。

6.2.3　两种实验装置的环状流两相流红外实验

　　在环状流流型下同样采用固定某一相流量进行图形的绘制与分析，由于气相流量值比较大，在实验操作时将较大的流量固定，调节较小的流量值。所以首先固定气相流量，两种管道近红外信号值与流量的关系如图 6-35 ~ 图 6-46 所示。

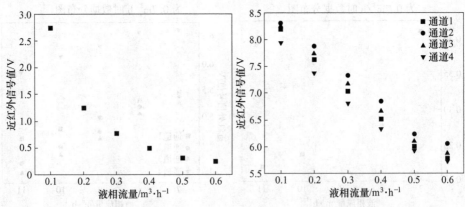

图 6-35　长喉颈文丘里管道环状流气相流量　　　图 6-36　矩形视窗管道环状流气相流量
　　　为 10m³/h 时数据分布图　　　　　　　　　　为 10m³/h 时数据分布图

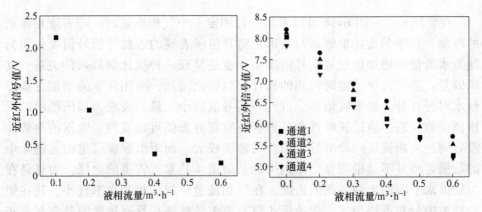

图 6-37　长喉颈文丘里管道环状流气相流量　　　图 6-38　矩形视窗管道环状流气相流量
　　　为 15m³/h 时数据分布图　　　　　　　　　　为 15m³/h 时数据分布图

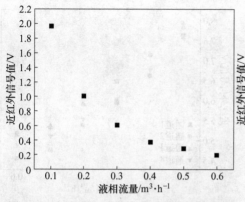

图 6-39 长喉颈文丘里管道环状流气相流量
为 20m³/h 时数据分布图

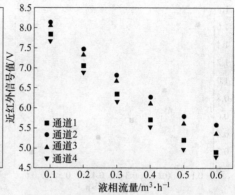

图 6-40 矩形视窗管道环状流气相流量
为 20m³/h 时数据分布图

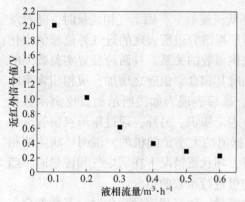

图 6-41 长喉颈文丘里管道环状流气相流量
为 25m³/h 时数据分布图

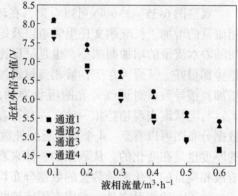

图 6-42 矩形视窗管道环状流气相流量
为 25m³/h 时数据分布图

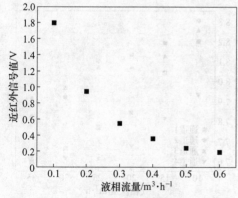

图 6-43 长喉颈文丘里管道环状流气相流量
为 30m³/h 时数据分布图

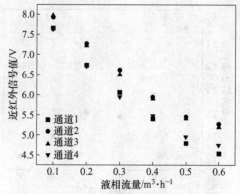

图 6-44 矩形视窗管道环状流气相流量
为 30m³/h 时数据分布图

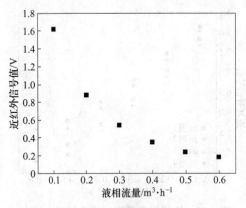

图 6-45　长喉颈文丘里管道环状流气相流量
为 35m³/h 时数据分布图

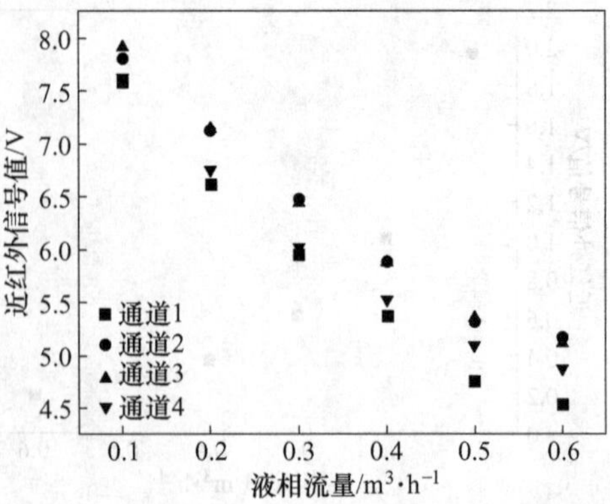

图 6-46　矩形视窗管道环状流气相流量
为 35m³/h 时数据分布图

　　观察图 6-35～图 6-46 可以看出，在环状流流型下，固定气相流量时，随着液相流量的增加，长喉颈文丘里管道以及矩形视窗管道所表现的近红外信号值变化均随着水流量的增加而减小，也是呈反比例函数的关系，且两种装置实验数据的趋势都很好。其原因在于，液相流量增加时其相含率也随之增加，液相相含率的增加直接导致水对近红外光的吸收增加，最后表现为如图所示的反比例函数关系；与泡状流表现趋势相一致，并且符合理论知识。另外，通过矩形视窗管道的数据分布图可以看到，4 个通道近红外数据值的大小是随机的，说明环状流液相的厚度也是在变化的。从数据的整体来看，环状流情况下在固定气相流量时，随着液相流量的变化两种装置的数据分布均可进行函数的拟合。

　　除了上述情况之外，考虑在固定液相流量，而气相流量变化时，其数据会出现什么规律。两种管道泡状流的近红外信号值与流量数据分布图如图 6-47～图 6-58 所示。

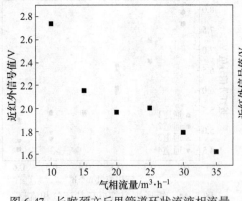

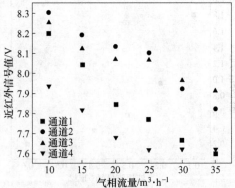

图 6-47　长喉颈文丘里管道环状流液相流量
为 0.1m³/h 时数据分布图

图 6-48　矩形视窗管道环状流液相流量
为 0.1m³/h 时数据分布图

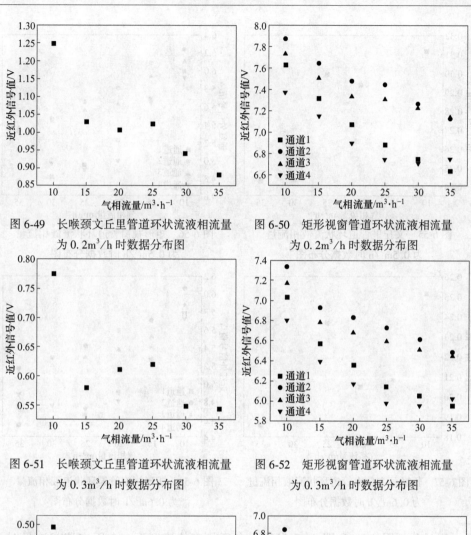

图 6-49 长喉颈文丘里管道环状流液相流量
为 0.2m³/h 时数据分布图

图 6-50 矩形视窗管道环状流液相流量
为 0.2m³/h 时数据分布图

图 6-51 长喉颈文丘里管道环状流液相流量
为 0.3m³/h 时数据分布图

图 6-52 矩形视窗管道环状流液相流量
为 0.3m³/h 时数据分布图

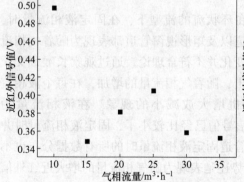

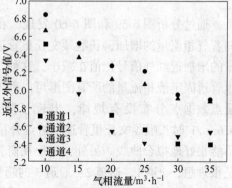

图 6-53 长喉颈文丘里管道环状流液相流量
为 0.4m³/h 时数据分布图

图 6-54 矩形视窗管道环状流液相流量
为 0.4m³/h 时数据分布图

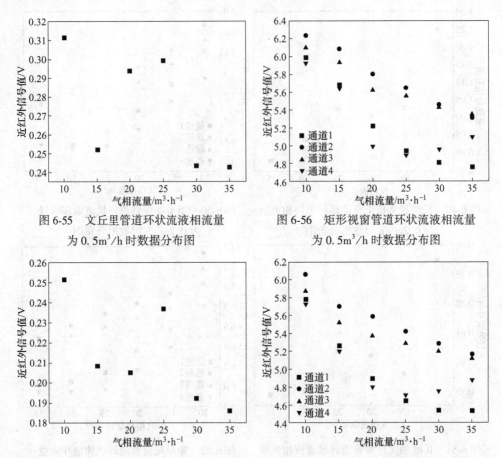

图 6-55　文丘里管道环状流液相流量　　　　图 6-56　矩形视窗管道环状流液相流量
为 0.5m³/h 时数据分布图　　　　　　　　为 0.5m³/h 时数据分布图

图 6-57　长喉颈文丘里管道环状流液相流量　图 6-58　矩形视窗管道环状流液相流量
为 0.6m³/h 时数据分布图　　　　　　　　为 0.6m³/h 时数据分布图

　　通过分析图 6-59 和图 6-60 发现，在环状流的流型下，在固定液相流量时，随着气相流量的增加，长喉颈文丘里管道以及矩形视窗管道都表现为随着气相流量的增加近红外信号比值在减小，这种变化并不符合理论。通过观察长喉颈文丘里管道固定液相流量的所有图形可以看出，随着气相流量的增加，在每个液相流量点数据点分布没有规律，出现了随机增大或减小的现象。在液相流量为 0.6m³/h 时长喉颈文丘里管道的近红外信号值已经比较小了，固定液相流量时并不能很好地拟合曲线。另外，矩形视窗管道固定液相流量时的所有数据分布也不是很理想，通道 1、通道 2、通道 3 的趋势还是表现为随气相流量的增大近红外信号值减小，而通道 4 表现出了先减小后增加的趋势。之前也提到可能是通道 4 位置的关系，导致通道 4 这一侧的液相流量随着气相流量的增大逐渐变得很小，近乎没有，所以出现红外信号值增加。综合分析可以看出，想要分析液相相含率与近红外信号值的关系应该首先固定气相流量，如同分析泡状流一样固定一个流量之后进行数据的拟合。由于在分析泡状流的时候，长喉颈文丘里管道的实验数据分布更好，所以在环状流流型下，长喉颈文丘里管道与矩形视窗管道实验数据分布情况都比较好时，优先选择长喉颈文丘里管道进行实验。

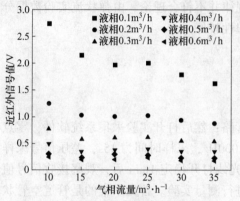

图 6-59　长喉颈文丘里管道环状流在不同
液相、气相流量时数据分布图

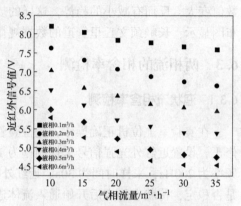

图 6-60　矩形视窗管道环状流在不同
液相、气相流量时通道 1 数据分布图

6.2.4　两种实验装置的弹状流两相流红外实验

经过对采集到的数据进行处理，首先采用固定液相流量进行分析，图 6-61 和图 6-62 是在弹状流情况下长喉颈文丘里管道和矩形视窗管道近红外信号值与流量的关系。

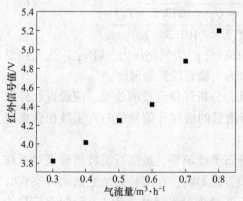

图 6-61　长喉颈文丘里管道弹状流液相流量
为 1m^3/h 时数据分布图

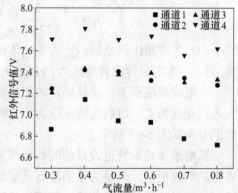

图 6-62　矩形视窗管道弹状流液相流量
为 1m^3/h 时数据分布图

通过数据分布图 6-61 和图 6-62 可以看出，在弹状流流型下，当液相流量固定在一个值时，随着气相流量的增加长喉颈文丘里管道表现为近红外信号值逐渐增大，其增大的趋势存在一定的规律；其原因是在液体流量不变时，随着气相流量的增大，气相在管道中所占比例增加，也就是气相的相含率增大，近红外光透过管道之后的强度也会增加，接收端的信号也就变大。而矩形视窗管道在气相流量逐步增大时表现为近红外信号值先增大后减小，其走向和趋势规律性较小；并且由数据的趋势来看，在气相流量增大后，气相的相含率增大并没有使接收端的数值变大，反而有减小的趋势，这样的规律并不符合理论。由弹状流实验数据分布图显示，长喉颈文丘里管道的数据规律性较好。

6.3 两相流的相含率检测

6.3.1 泡状流相含率检测

在实验室上位机正确操作，先检验管路；然后打开实验采集系统软件，零点修正，设置近红外光强信号采样频率为1000Hz，采样时间为15s，差压信号采样频率为200Hz，采样时间为30s。近红外光线打开稳定1min后，观察接收信号值是否稳定，待状态稳定后开始通入流体进行测量实验。首先采集的是管道空管状态和满水状态下的近红外信号值，然后设置预期的工况点进行实验，每次变化水流量或者气流量后观察垂直透明管段和水平透明管段，等待流动稳定，以及流型表现比较明显后再开始采集数据。泡状流实验水流量点、气流量点共设置30个工况点，进行3次重复实验，共得到90组近红外信号值和差压信号值实验数据。

将实验数据中的标准表数据与温度、压力参数代入式（6-1）可求得各工况点下液相体积含率，作为液相体积含率实际值。

$$\beta_1 = \frac{Q_1}{Q_1 + \frac{(101.3 + p_g) \times Q_g \times (273.2 + T_b)}{(273.2 + T_g) \times (101.3 + p_b)}} \qquad (6\text{-}1)$$

式中，Q_1 为液相体积流量；Q_g 为气相体积流量；p_g 为气路压力，kPa；T_g 为气路温度，℃；p_b 为实验管段背景压力，kPa；T_b 为实验管段背景温度，℃。

在泡状流流型下，选择固定液相流量，分析气量流量的改变。假设近红外探头入射光强为 I_0，出射光线光强为 I，所测量的近红外信号值与真实液相含率值数据分布如图 6-63 所示。

长喉颈文丘里管道设计的喉部有部分石英玻璃管，虽然石英玻璃管道对近红外光的吸收很低，但是为了消除石英玻璃管道影响，在实验开始之前测得空管时近红外穿过装置的信号值为 I_1，而泡状流实验出射光线光强为 I，设两个信号的比值为：

$$\eta = \frac{I}{I_1} \qquad (6\text{-}2)$$

信号比值 η 与真实液相相含率的关系如图 6-64 所示。

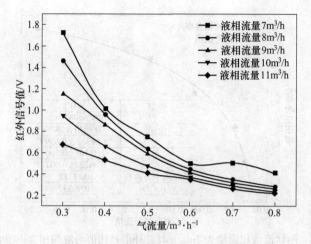

图 6-63　泡状流红外信号值走势图

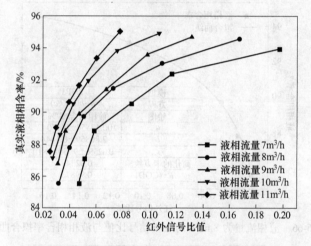

图 6-64　泡状流红外信号比值与真实液相相含率关系

　　通过图 6-64 可以看出，液相体积含率与近红外信号比值具有一定数量关系。但是当液相流量不同时，近红外信号比值与液相相含率的函数关系并不能拟合到一个函数曲线中；在液相流量为定值时，其数据分布曲线排列有一定的规则，将每一条曲线进行单独的模型拟合，结合相关公式，经过多次实验研究和数据分析，确定泡状流拟合模型为：

$$y = a - b\ln(x + c) \tag{6-3}$$

其中 a、b、c 为待定参数。

　　图 6-65~图 6-69 为泡状流流型下，不同液相流量红外信号比值与液相相含率的拟合曲线。

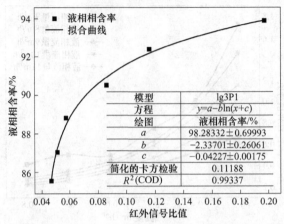

图 6-65　泡状流液相流量为 $7m^3/h$ 时红外信号比值与液相相含率拟合曲线

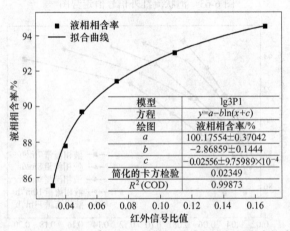

图 6-66　液相流量为 $8m^3/h$ 时红外信号比值与液相相含率拟合曲线

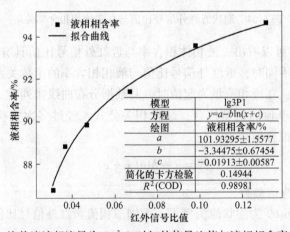

图 6-67　泡状流液相流量为 $9m^3/h$ 时红外信号比值与液相相含率拟合曲线

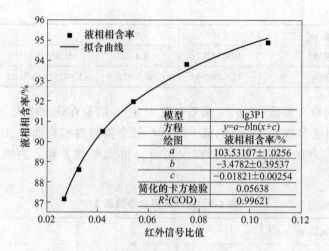

图 6-68 泡状流液相流量为 10m³/h 时红外信号
比值与液相相含率拟合曲线

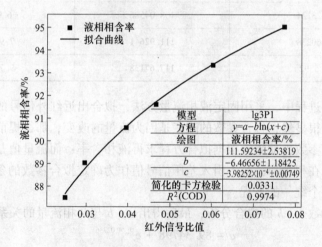

图 6-69 泡状流液相流量为 11m³/h 时红外信号
比值与液相相含率拟合曲线

通过对不同液相流量点数据进行拟合分析，得到表 6-4 拟合参数表。

表 6-4 泡状流拟合参数表 1

两相体积流量/m³·h⁻¹	a	b	c	R^2
7.568876	98.28332	−2.33701	−0.04227	0.99337
8.685113	100.17554	−2.86859	−0.02556	0.99873
9.523124	101.93295	−3.34475	−0.01913	0.98981

两相体积流量/m³ · h⁻¹	a	b	c	R^2
10. 60238	103. 53107	− 3. 4782	− 0. 01821	0. 99621
11. 5392	111. 59234	− 6. 46656	− 3. 98252×10⁻⁴	0. 9974

从函数的拟合参数 a、b、c 来看，其中 a、b 的值在逐渐增大，而 c 的值是逐渐减小。固定参数 a、b、c 的值，然后看每个参数对拟合曲线 R^2 的影响，最后确定参数 c 为 0. 02111 后进行再次拟合，得到参数 b 和 c 的拟合参数见表6-5。

表 6-5 泡状流拟合参数表 2

两相体积流量/m³ · h⁻¹	a	b
7. 568876	100. 73085	− 2. 55797
8. 685113	101. 31053	− 3. 39157
9. 523124	108. 04586	− 6. 9028
10. 60238	111. 92641	− 7. 92974
11. 5392	117. 67138	− 9. 70064

在拟合的过程中，采用固定液相流量方法，拟合出近红外信号的比值与液相含率的关系。很显然，拟合参数的改变是因为流量的改变，那么提前确定流量就可以固定拟合参数，就能够根据拟合方程求得液相含率；而流量值是根据差压来计算的，所以在相含率公式中引入差压信号值作为确定拟合参数的条件，这样就可以拟合出一个统一的方程。

经过对参数 a、b 的拟合分析，最后得出 a、b 与两相流量的关系式为：

$$a = 89.34798 + e^{Q_v\sqrt{4.02736}} \tag{6-4}$$

$$b = -36.65727 + 56.64021 \times 0.93751^{Q_v} \tag{6-5}$$

最后得到泡状流相含率模型为：

$$\beta_l = 89.34798 + e^{Q_v\sqrt{4.02736}} - (-36.65727 + 56.64021 \times 0.93751^{Q_v}) \times$$

$$\ln(x + 0.2111) \tag{6-6}$$

6.3.2 环状流相含率检测

在环状流流型下，液相流量、气相流量点共设置 36 组工况点，每组重复测量 3 次，一共测 108 组数据。测得环状流近红外信号走势如图 6-70 所示。

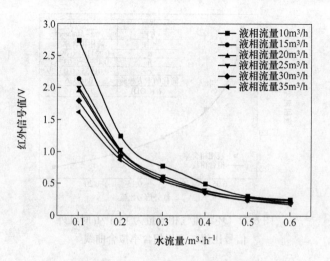

图 6-70 环状流红外信号值走势图

结合相关公式，结合泡状流的拟合经验，对环状流进行拟合时同样进行红外信号比值与相含率的拟合，确定环状流液相含率的模型构建为：

$$y = a - b\ln(x + c) \tag{6-7}$$

式中，y 为环状流液相含率；x 为出射光强与空管出射光强比值；a、b、c 为常数。

将环状流的红外信号比值与液相相含率进行单个拟合，拟合结果如图 6-71 ~ 图 6-76 所示。

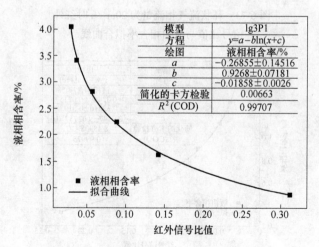

图 6-71 环状流气相流量为 $10\text{m}^3/\text{h}$ 时红外
信号比值与液相相含率拟合曲线

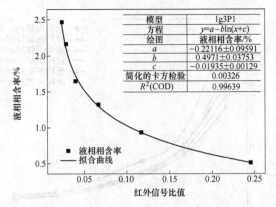

图 6-72　环状流气相流量为 15m³/h 时红外
信号比值与液相相含率拟合曲线

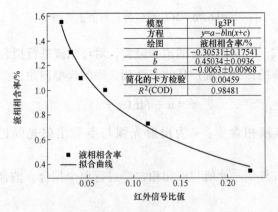

图 6-73　环状流气相流量为 20m³/h 时红外
信号比值与液相相含率拟合曲线

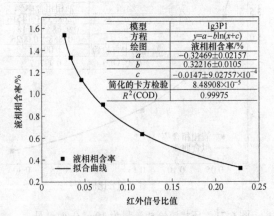

图 6-74　环状流气相流量为 25m³/h 时红外
信号比值与液相相含率拟合曲线

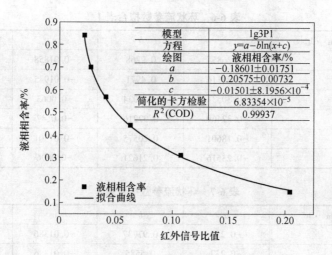

图 6-75 环状流气相流量为 30m³/h 时红外
信号比值与液相相含率拟合曲线

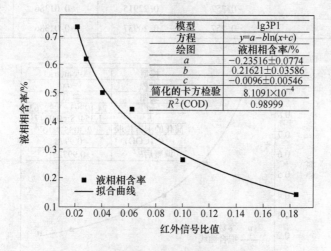

图 6-76 环状流气相流量为 35m³/h 时红外
信号比值与液相相含率拟合曲线

通过对不同液相流量点数据进行拟合分析，得到拟合参数见表 6-6。

环状流的系数处理与泡状流一致，固定参数 a 的平均值为 -0.257，进行一次拟合；在新的拟合中确定参数 c 值为 -0.01386，再次拟合各曲线，得到拟合参数见表 6-7。

环状流液相相含率的初步拟合模型为：

$$\beta_l = -0.257 - b\ln(x - 0.01386) \tag{6-8}$$

参数 b 与两相流量的关系拟合如图 6-77 所示。

表 6-6　环状流参数拟合表 1

气相流量/m³·h⁻¹	a	b	c	R^2
10	−0.26855	0.9268	−0.01858	0.99707
15	−0.22116	0.4971	−0.01935	0.99639
20	−0.30531	0.45034	−0.0063	0.98481
25	−0.32469	0.32216	−0.0147	0.99975
30	−0.18601	0.20575	−0.01501	0.99937
35	−0.23516	0.21621	−0.0096	0.98999

表 6-7　环状流参数拟合表 2

气相流量/m³·h⁻¹	a	b	c	R^2
10	−0.257	0.97737	−0.01386	0.9916
15	−0.257	0.5585	−0.01386	0.97906
20	−0.257	0.39936	−0.01386	0.97535
25	−0.257	0.30622	−0.01386	0.99601
30	−0.257	0.22915	−0.01386	0.99408
35	−0.257	0.20937	−0.01386	0.97242

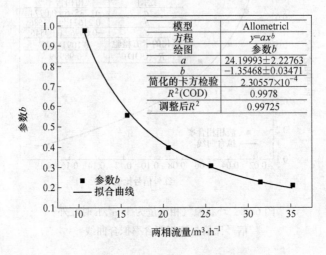

模型	Allometricl
方程	$y=ax^b$
绘图	参数b
a	24.19993±2.22763
b	−1.35468±0.03471
简化的卡方检验	2.30557×10⁻⁴
R^2(COD)	0.9978
调整后R^2	0.99725

图 6-77　环状流拟合参数 b 与两相流量的关系

通过拟合曲线得到参数 b 与两相流量的拟合关系为：

$$b = 24.19993 Q_v^{-1.35468} \tag{6-9}$$

则环状流拟合模型为：

$$\beta_1 = -0.257 - 24.19993 Q_v^{-1.35468} \ln(x - 0.01386) \tag{6-10}$$

式中，Q_v 为气液两相的体积流量，m³/h。

6.3.3 弹状流相含率检测

弹状流实验水流量、气流量共设置 18 个工况点，进行 3 次重复实验，共得到 54 组近红外信号值和差压信号值。结合弹状流的流型特征，其前端为一个较大的泰勒气泡，泰勒气泡后面是许多的小气泡。经过透明管段观察，泰勒气泡占据管道大部分位置，液体环绕在周围；与环状流相似，其空气与水的交界面相对稳定，尾部气泡不规则跟随泰勒气泡向上流动。所以简化弹状流模型，对于泰勒气泡部分，当近红外检测光束穿透时，在理想状态下泰勒气泡位于管道中心，近红外光线可以垂直穿过空气与水的交界面。我们将其作类似环状流处理，对泰勒气泡尾部气泡部分，将其类似泡状流来处理。

对于充分流动的弹状流，认为经过测量位置后两相流总体积流量等于经过测量位置前两相流总体积流量。设泰勒气泡在整个测量过程占据权重为 w_1，尾部气泡占据权重为 w_2，则：

$$Q_w \times \beta_1 \times (w_1 + w_2) = Q_w \times \beta_{1s} \times w_1 + Q_w \times \beta_{1b} \times w_1 \qquad (6\text{-}11)$$

即

$$\beta_1 \times (w_1 + w_2) = \beta_{1s} \times w_1 + \beta_{1b} \times w_1 \qquad (6\text{-}12)$$

式中，β_{1s} 为泰勒气泡部分液相含率；β_{1b} 为尾部气泡部分液相含率。

将弹状流的红外检测数据进行处理，设其平均值为 I_1，其中大于平均值的部分为 I_2，小于平均值的为 I_3。类似环状流的泰勒气泡部分的红外信号值一定是大于类似泡状流的尾部气泡部分的红外信号值，设泰勒气泡部分的近红外信号比值为 x_1，尾部气泡部分的比值为 x_2，则：

$$x_1 = \frac{I_1}{I_{空管}} \qquad (6\text{-}13)$$

$$x_2 = \frac{I_2}{I_{空管}} \qquad (6\text{-}14)$$

泰勒气泡部分的液相相含率占总的液相相含率的权重为其泰勒气泡数据点的个数除以总的点个数，记作 w_1；尾部气泡部分权重为其气泡部分数据点的个数除以总的点个数，记作 w_2；两个权重相加等于 1。

综合式 (6-11)~式 (6-14)，则可以得到弹状流流型下的相含率拟合模型：

$$y = [a_1 - b_1\ln(x_1 + c_1)]w_1 + [a_2 - b_2\ln(x_2 + c_2)]w_2 \qquad (6\text{-}15)$$

式中，y 为液相体积含率；a_1、b_1、c_1、a_2、b_2、c_2 为待定系数。

最后确定弹状流液相相含率拟合模型为：

$$\begin{aligned}
\beta_1 = {}& [-0.257 - 24.19993 Q_v^{-1.35468}\ln(x_1 - 0.01386)]w_1 + \\
& [89.34798 + e^{Q_v/4.02736} - (-36.65727 + 56.64021 \times \\
& 0.93751^{Q_v})\ln(x_2 + 0.2111)]w_2
\end{aligned} \qquad (6\text{-}16)$$

将泡状流测量模型、环状流测量模型、弹状流测量模型进行一一验证，如图 6-78~图 6-80 所示。

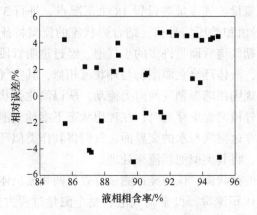

图 6-78 泡状流拟合模型验证

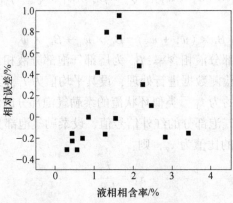

图 6-79 环状流拟合模型验证

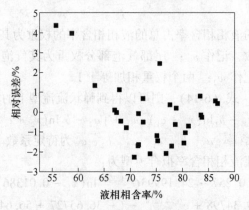

图 6-80 弹状流拟合模型验证

6.4 两相流的流量测量

本实验所用的长喉颈文丘里管道是一种非标准的节流装置，无论是标准节流式的差压流量计，还是非标准节流式的差压流量计，一旦确定节流件的形状和尺寸，必须要确定装置的节流比。设节流装置上游截面积为 A_1，流速为 v_1，测得压力为 p_1，而下游的截面积、流速以及测的压力分别为 A_2、v_2、p_2，假设管内流体不可压缩。那么，根据连续方程和伯努利方程可得下列方程。

连续方程：

$$A_1 v_1 = A_2 v_2 \tag{6-17}$$

伯努利方程：

$$Z_1 + \frac{p_1}{\rho g} + \frac{v_1^2}{2g} = Z_2 + \frac{p_2}{\rho g} + \frac{v_2^2}{2g} + h \tag{6-18}$$

在这里的 h 表示经过测量装置后的水头损失，推导公式时可忽略。在水平管道中，位置水头 $Z_1 = Z_2$，可以将式（6-18）化简为：

$$p_1 - p_2 = \frac{\rho(v_2^2 - v_1^2)}{2} \tag{6-19}$$

传统节流式差压流量计的体积流量测量公式为：

$$Q_v = \frac{C\beta^2 A}{\sqrt{1 - \beta^4}} \sqrt{\frac{2\Delta p}{\rho}} \tag{6-20}$$

式中，β 为节流装置的节流比；A 为管道的截面积，$A = A_1$；ρ 为流体密度；Δp 为节流装置两端压力差，$\Delta p = p_1 - p_2$；C 为流出系数，是一个无量纲量，通过单相实验可以标定。

联立公式（6-17）、式（6-19）、式（6-20）可以得到节流装置的节流比计算公式为：

$$\beta = \sqrt{\frac{A_2}{A_1}} \tag{6-21}$$

通过计算得到，长喉颈文丘里管道的节流比为 0.4。

根据式（6-19）可知，节流装置取压孔所取差压值与节流装置前后取压孔的流体流速有关，而管道截面积变化会影响流体速度。另外，如果测量得到流体经过节流装置产生的差压值 Δp 以及装置的流出系数 C，代入体积流量测量公式，就能够求得体积流量值，这也正是差压测流量的原理。

利用差压流量计测量流量是目前测量流量最可靠的方法。差压流量计类别有很多，如内外管、文丘里、孔板、内锥、外锥和一些不标准节流装置等。董卫超等人设计了一种半管插入式流量计，其基本思想是依据均速管流量计，并且经过实验发现这种流量计的适用性广，测量精度也比较高。林棋利用仿真方法研究了流体流过差压流量计的缩径时的流动情况，验证了仿真的可靠性，分析了在不同流型时内部的流动规律和孔板流量计的冲蚀问题。

国内外的学者对两相流量计的研究已经有很多，研究出了各种流量计，比如中国海默、西安交通大学、Agar、Fluenta、Roxar、MFI、ISA、Euromatic、Framo等，但还没有一个公认的比较好的方法或者流量计来解决两相流的流量测量问题。目前现有的流量测量方法有直接法、分离法和组合测量法。

（1）直接法。直接法是将现有的技术比较成熟的流量计直接用在两相流的流量测量方面。直接测量方法对单相流体的测量精度较高，但是在气液两相流方面，流量计的稳定性和测量的精度会受到气相的影响而变差，但是也可以应用。王微微等人基于黏性流体模型，在两相流质量流量的测量方面，将科里奥利质量流量计的测量结果进行了修正，修正的结果显示，在低含气率的情况下科里奥利质量流量计对两相流流量的测量精度有了明显的提高。Rouhani 等人根据两相总流量与涡轮流量计转速成正比例的关系，提出了将涡轮流量计用在气液两相流的质量流量测量方面。

（2）分离法。分离法是将两相流体利用分离器进行分离之后形成两种单相流，再利用各种流量计进行单相流流量的测量。这种分离测量的方法不受流型的影响，且测量的精度很高，十分可靠，但是分离测量所使用的分离器造价比较贵，分离法也无法快速在线测量。为了节省成本以及不影响主体设备正常的运行，西安交通大学将一小部分气液两相流流体利用分配器从主体设备中先分流出来，再将这一小部分的两相流体分离成单相流测量，优点是不影响主管道，分离出两相流体的测量体积小。

（3）组合测量。组合测量法可以分成单相流量计组合测量、单相流量计与相含率仪表组合测量。两个测量特性不同的单相流量仪表组合，应用于两相流测量称为单相流量计组合测量，两个单相仪表得到两个不同的测量信号，通过对两个信号的分析求解流量。单相流量计常见的组合方式有：双孔板、靶式流量计–涡轮流量计、孔板–文丘里管以及文丘里管–涡轮流量计等。

这种单相流量计的组合测量，优点是组合的装置简单，而且成本较低，但是缺点是受流型的影响较大，测量范围较小，而且在两相流波动状态强烈时除差压流量计以外多数的单相流量计都基本不能可靠工作，这就给单相流量计组合测量增加了难度。单相流量计-相含率仪表组合测量法分别对两相流的流量和相含率进行分析，进而求解流量，这种方法最常用的流量计有电磁式流量计、容积式流量计、差压式流量计等。另外，许多学者对多相流流量模型已经做了大量工作，为了建立泡状流、环状流与弹状流流型下的流量测量模型，利用经典模型进行计算，有以下几种经典模型。

1）均相流模型。均相流模型是基于液相和气相流速相等的条件构建的模型。它是最广泛使用的模型，已经成功应用在各种介质的流量研究中。

$$\frac{1}{\rho_w} = \frac{x}{\rho_g} + \frac{1-x}{\rho_1} \tag{6-22}$$

$$x = \frac{(1-\beta_1)\rho_g}{(1-\beta_1)\rho_g + \beta_1\rho_1} \tag{6-23}$$

式中，x 为干度；ρ_g、ρ_1、ρ_w 分别为气相密度、液相密度及两相混合密度。

经过变形得出以下计算公式：

$$Q_w = \frac{C\varepsilon\beta^2\pi R^2}{\sqrt{1-\beta^4}}\sqrt{\frac{2\Delta p_w \rho_g}{\frac{\rho_g}{\rho_1} + x \times \left(1 - \frac{\rho_g}{\rho_1}\right)}}\bigg/\rho_w \tag{6-24}$$

式中，Q_w 为总的两相流体积流量；C 为流出系数；ε 为膨胀系数；β 为节流比；Δp_w 为差压值，Pa。

2）James 模型。James 模型通常在均相流模型的基础上，提出了用有效干度 x_m 代替真实干度 x 的新思路。

$$x_m = x^{1.5} \tag{6-25}$$

得出 James 模型的流量计算公式为：

$$Q_w = \frac{C\varepsilon\beta^2\pi R^2}{\sqrt{1-\beta^4}}\sqrt{\frac{2\Delta p_w \rho_g}{\frac{\rho_g}{\rho_1} + x^{1.5} \times \left(1 - \frac{\rho_g}{\rho_1}\right)}}\bigg/\rho_w \tag{6-26}$$

3）分相流模型。分相流模型也是一种理想状态的模型，认为气液两相是完全分离的，它们互相之间没有影响；认为两相的流出系数相同，最终气液两相流产生的压差值与气相或者液相单独通过产生的压差值相同。气相与液相通过节流装置产生的差压值与两相流通过节流装置产生差压值之间的关系为：

$$\sqrt{\frac{\Delta p_w}{\Delta p_g}} = \sqrt{\frac{\Delta p_1}{\Delta p_g}} + 1 \tag{6-27}$$

将式（6-27）变形得到分相流模型下的质量流量与体积流量公式：

$$m_w = \frac{C\varepsilon A\sqrt{2\Delta p_w \rho_g}}{\sqrt{1-\beta^4}\left[x + (1-x)\sqrt{\rho_g/\rho_1}\right]} \tag{6-28}$$

$$Q_w = \frac{C\varepsilon A\sqrt{2\Delta p_w \rho_g}}{\sqrt{1-\beta^4}\left[x + (1-x)\sqrt{\rho_g/\rho_1}\right]}\bigg/\rho_w \tag{6-29}$$

式中，Δp_g、Δp_1 分别为气相与液相经过节流装置产生的差压值。

4）Murdock 模型。Murdock 模型为基于大量实验得到的修正模型。该模型认为气液混合压差与通过节流装置单相压差的关系如下：

$$\sqrt{\frac{\Delta p_w}{\Delta p_g}} = \theta \sqrt{\frac{\Delta p_1}{\Delta p_g}} + 1 \tag{6-30}$$

其中，$\theta = 1.26$。

推导得到 Murdock 模型下气液两相下的体积流量为：

$$Q_w = \frac{C\varepsilon A \sqrt{2\Delta p_w \rho_g}}{\sqrt{1-\beta^4}\left[x + 1.26(1-x)\sqrt{\rho_g/\rho_1}\right]}\bigg/\rho_w \tag{6-31}$$

5）林宗虎模型。林宗虎模型在 $0.8 \sim 19.8\mathrm{MPa}$ 的压力范围下，通过大量的实验推导得出气液两相流量值与参数 θ 相关，公式为：

$$\theta = 1.4863 - 9.2654(\rho_g/\rho_1) + 44.6954(\rho_g/\rho_1)^2 - 60.615(\rho_g/\rho_1)^3 -$$
$$5.1297(\rho_g/\rho_1)^4 - 26.5743(\rho_g/\rho_1)^5 \tag{6-32}$$

气液两相的体积流量计算模型为：

$$Q_w = \frac{C\varepsilon A \sqrt{2\Delta p_w \rho_g}}{\sqrt{1-\beta^4}\left[x + \theta(1-x)\sqrt{\rho_g/\rho_1}\right]}\bigg/\rho_w \tag{6-33}$$

6）Chisholm 模型。考虑滑移比与气液两相的相间剪切力等影响，Chisholm 模型最终得到的气液两相的流量计算模型为：

$$Q_w = \frac{C_1\varepsilon D^2\pi\beta^2}{4x\sqrt{1-\beta^4}} \frac{\sqrt{2\Delta p_w \rho_g}}{\left[1 + \left(\frac{\rho_1}{\rho_g}\right)^{0.25} + \left(\frac{\rho_g}{\rho_1}\right)^{0.25}\right]x + x^2}\bigg/\rho_w \tag{6-34}$$

7）Steven 模型。Steven 模型基于修正 X、$\dfrac{\rho_1}{\rho_g}$、Fr_g 的思路，提出气液两相的流量预测模型为：

$$Q_w = \frac{C_1\varepsilon D^2\pi\beta^2}{4x\sqrt{1-\beta^4}} \frac{\sqrt{2\Delta p_w \rho_g}}{\dfrac{1 + AX + BFr_g}{1 + CX + DFr_g}}\bigg/\rho_w \tag{6-35}$$

模型中的各系数值为：

$$A = 2454.51\left(\frac{\rho_g}{\rho_1}\right)^2 - 385.51\left(\frac{\rho_g}{\rho_1}\right) + 18.146 \tag{6-36}$$

$$B = 61.695\left(\frac{\rho_g}{\rho_1}\right)^2 - 8.349\left(\frac{\rho_g}{\rho_1}\right) + 0.223 \tag{6-37}$$

$$C = 1722.97 - 272.92\left(\frac{\rho_g}{\rho_l}\right) + 11.752 \tag{6-38}$$

$$D = 57.397\left(\frac{\rho_g}{\rho_l}\right)^2 - 7.679\left(\frac{\rho_g}{\rho_l}\right) + 0.195 \tag{6-39}$$

6.4.1 实验装置单相流差压实验

6.4.1.1 单相流差压实验

经过前面章节的讨论，我们认为用长喉颈文丘里管道进行实验测量准确度更高，所以接下来只用长喉颈文丘里管道做实验求得装置的流出系数。在长喉颈文丘里管道仿真定型时，在仿真中以单相水作为流动介质进行仿真分析，所以在分析差压法测量流量准确性时也用单相水介质。相比单相气来说，单相水介质流量测量比气液两相流介质测量简单很多，分析装置是否能够使用差压法准确测量流量值对后续两相流的实验有很重要的意义。

长喉颈文丘里管道和矩形视窗管道的单相水差压测量实验设置的水流量为$1\sim11\text{m}^3/\text{h}$，间隔为$1\text{m}^3/\text{h}$，单相水差压测量实验的目的是测量出长喉颈文丘里管道的流出系数C，差压测量装置选用横河川仪有限公司的膜盒式差压变送器来采集差压信号，该型号的差压变送器量程可调，可以根据不同的量程需要进行调节，最大量程为$0\sim100\text{kPa}$，如图6-81所示。

图6-81 差压变送器

　　在长喉颈文丘里管道和矩形视窗管道的流出系数 C 的测量中，长喉颈文丘里管道的量程是 $0 \sim 50\text{kPa}$，而矩形视窗管道所选用量程为 $0 \sim 30\text{kPa}$。经过 3 次测量实验，得到如图 6-82 所示的长喉颈文丘里管道的流量与差压的数据分布。

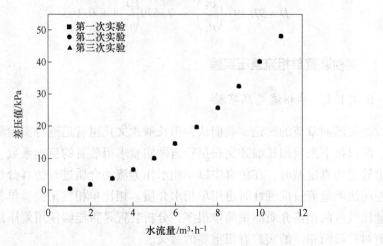

图 6-82　长喉颈文丘里装置单相水差压数据分布

　　根据图 6-82 可以看出，差压值与流量值是一种正比例的函数关系。随着水流量的增加差压值也随着增长，且趋势比较符合 x 的多项式趋势，所以在进行数据处理时首先考虑 x 的多项式拟合。

6.4.1.2　单相流测量数据分析

　　首先考虑多项式的拟合，直接通过公式拟合得到差压与流量的关系，将 3 次实验数据取平均值作为拟合数据。把数据先在图中显示然后进行拟合，通过拟合之后再把第四次实验数据作为验证值代入拟合公式进行分析（见图 6-83），求得拟合值与实际值之间的相对误差。

　　经过初步拟合得到一个多项式的公式：

$$y = 1.54419 + 0.3418x - 0.3313x^2 \tag{6-40}$$

　　长喉颈文丘里管道是通过测量流体经过该装置时所测差压值来计算流量值。根据式（6-20）经过公式变形可以得到下式：

$$C = \frac{Q_\text{v}\sqrt{1 - \beta^4}}{\beta^2 A}\sqrt{\frac{\rho}{2\Delta p}} \tag{6-41}$$

　　通过观察式（6-41）发现，当节流装置定型后它的截面积 A 就成为了常量，在公式中的变量只有差压值 Δp 和水流量 Q_v，并且在测量过程中两者是一一对应的关系，通过对流量和差压的测量，即可得到流出系数。

　　通过观察图 6-84 的拟合曲线，可以看出拟合曲线与实验数据点连成的曲线

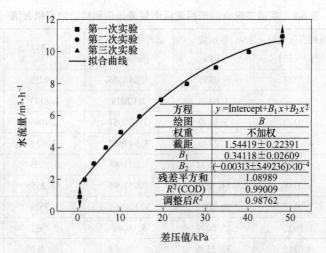

图 6-83 长喉颈文丘里装置单相水差压数据拟合曲线

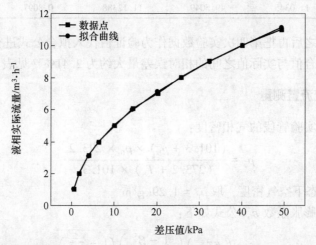

图 6-84 长喉颈文丘里装置单相水差压实验数据拟合曲线

非常接近,其拟合函数为:

$$y = 1.581x^{0.5} \tag{6-42}$$

经计算流出系数 $C = 0.976$。得出流出系数 C 值之后,用第四次的实验数据对拟合函数进行验证,计算拟合函数的相对误差。将仪表数据作为实际值(真值),拟合值作为测量值,计算公式为:

$$测量相对误差 = \frac{测量值 - 实际值}{实际值} \times 100\% \tag{6-43}$$

表 6-8 就是经过拟合的差压以及工况点的相对误差值以及流出系数 C 的值。

表 6-8　实验工况点的液相流量测量差压值和实验数据拟合值

工况点	液相实际流量 /$m^3 \cdot h^{-1}$	差压值 /kPa	液相流量拟合值 /$m^3 \cdot h^{-1}$	相对误差/%	流出系数 C
1	1.0237	0.4355	1.043365	1.9259	0.9760
2	1.9842	1.6328	2.02019	1.8147	0.9760
3	3.0273	3.8449	3.100087	2.4060	0.9760
4	4.0128	6.2345	3.947602	−1.6236	0.9760
5	4.9852	10.0132	5.002868	0.3539	0.9760
6	6.0358	14.1825	5.953995	−1.3556	0.9760
7	7.0117	20.2045	7.106507	1.3518	0.9760
8	7.9925	25.6279	8.00365	0.1392	0.9760
9	9.0215	32.3575	8.993308	−0.3120	0.9760
10	10.0253	40.0253	10.00228	−0.2294	0.9760
11	11.0345	49.5049	11.12388	0.8097	0.9760

通过拟合之后再把第四次实验数据作为验证值代入拟合公式进行分析，求得液相流量的拟合值与实际值之间的相对误差最大约为 2.41%（见表 6-8）。

6.4.2　泡状流流量测量

首先求得实验管段的气相密度：

$$\rho_g = \frac{(101.3 + p_b) \times \rho_0 \times 273.2}{(273.2 + T_b) \times 101.3} \tag{6-44}$$

式中，ρ_0 为标态下空气密度，取 $\rho_0 = 1.29 kg/m^3$。

然后求其膨胀系数 ε，公式如下：

$$\varepsilon = \sqrt{\left(\frac{\kappa \tau^{\frac{2}{\kappa}}}{\kappa - 1}\right)\left(\frac{1 - \beta^4}{1 - \beta^4 \tau^{\frac{2}{\kappa}}}\right)\left(\frac{1 - \tau^{\frac{\kappa-1}{\kappa}}}{1 - \tau}\right)} \tag{6-45}$$

$$\tau = \frac{101.3 + p_b - \Delta p_w}{101.3 + p_b} \tag{6-46}$$

式中，τ 为压力比，无量纲量；κ 为等熵指数，它是压力的相对变化量与密度的相对变化量的比值，取 $\kappa = 1.4$，无量纲量。

为了更好地验证经典模型的适用性，找到适合泡状流的流量模型，首先将实验采集的数据代入式（6-22）、式（6-25）、式（6-30）、式（6-32）、式（6-44）中求得两相混合密度 ρ_w、参数 θ、真实干度 x 等参数，代入式（6-24）、式（6-26）、式（6-29）、式（6-31）、式（6-33）求得均相流模型、James 模型、分相流模型、等模型下的气液两相总流量，再计算经典模型求得总流量与标准表测量求得的两相总流量的误差分布，如图 6-85 和图 6-86 所示。

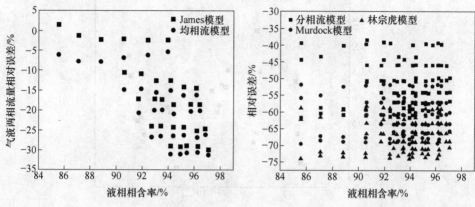

图 6-85　泡状流经典模型液相相含率与　　　　图 6-86　泡状流经典模型液相相含率与
　　　　两相流量相对误差分布图　　　　　　　　　　两相流量相对误差分布图

经过图 6-85 和图 6-86 分析，选取均相流模型与 James 模型作为基础模型，在经典模型的基础上进行修正，得出更好的测量模型。可以看出，James 模型的相对误差更小一些，对 James 模型进行修正得到新的模型为：

$$Q_b = kQ_w + b = a\frac{C\varepsilon\beta^2\pi R^2}{\sqrt{1-\beta^4}}\sqrt{\frac{2\Delta p_w\rho_g}{\frac{\rho_g}{\rho_1} + x^{1.5}\times\left(1 - \frac{\rho_g}{\rho_1}\right)}}\rho_w + b \qquad (6-47)$$

经过数据拟合，最终确定泡状流的流量测量模型为：

$$Q_b = 2.72789\frac{C\varepsilon\beta^2\pi R^2}{\sqrt{1-\beta^4}}\sqrt{\frac{2\Delta p_w\rho_g}{\frac{\rho_g}{\rho_1} + x^{1.5}\times\left(1 - \frac{\rho_g}{\rho_1}\right)}}\rho_w - 9.88184 \qquad (6-48)$$

经过实验数据验证，得到修正模型的拟合相对误差分布图如图 6-87 所示。

由图 6-87 可得，泡状流流量测量相对误差分布在 -1.39% ~ 1.86% 之间，将经典 James 模型引入参数进行修正后，气液两相流总流量测量的相对误差大大减小，修正模型可作为预测模型来预测泡状流的两相总流量。

6.4.3　环状流及弹状流流量测量

对于环状流和弹状流，为了更好地验证拟合经典 James 模型的拟合效果，将实验采集到的数据首先代入经典模型中，代入式（6-24）、式（6-26）、式（6-29）、式（6-31）、式（6-33）求得均相流模型、James 模型、分相流模型等模型下的气液两相总流量，再计算经典模型求得总流量与标准表测量求得的两相总流量的误差分布，如图 6-88 ~ 图 6-91 所示。

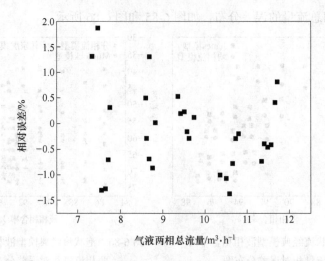

图 6-87　泡状流经典模型修正后的两相总流量相对误差分布图

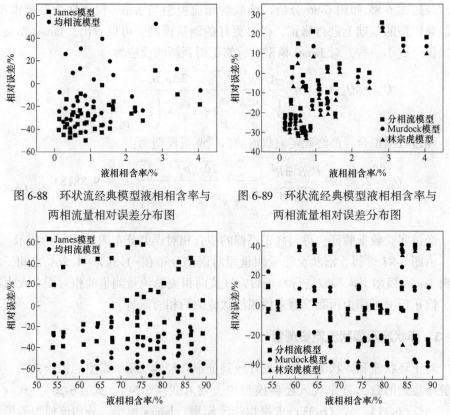

图 6-88　环状流经典模型液相相含率与
两相流量相对误差分布图

图 6-89　环状流经典模型液相相含率与
两相流量相对误差分布图

图 6-90　弹状流经典模型液相相含率与
两相流量相对误差分布图

图 6-91　弹状流经典模型液相相含率与
两相流量相对误差分布图

经过图 6-88~图 6-91 分析，选取分相流模型、Murdock 模型、林宗虎模型作为基础模型，在经典模型的基础上进行修正，得出更好的测量模型。通过观察式（6-29）、式（6-31）、式（6-33）三个模型的计算公式，它们十分相似，所以确定拟合的基础模型为：

$$Q_w = \frac{C\varepsilon A\sqrt{2\Delta p_w\rho_g}}{\sqrt{1-\beta^4}\left[kx + b(1-x)\sqrt{\rho_g/\rho_1}\right]}\bigg/\rho_w \quad (6\text{-}49)$$

经过数据拟合处理得出弹状流、环状流经典模型修正后的气液两相流体积流量模型为：

$$Q_s = \frac{C\varepsilon A\sqrt{2\Delta p_w\rho_g}}{\sqrt{1-\beta^4}\left[-0.10820x + 0.0853(1-x)\sqrt{\rho_g/\rho_1}\right]}\bigg/\rho_w \quad (6\text{-}50)$$

$$Q_a = \frac{C\varepsilon A\sqrt{2\Delta p_w\rho_g}}{\sqrt{1-\beta^4}\left[2.1517x + 0.9641(1-x)\sqrt{\rho_g/\rho_1}\right]}\bigg/\rho_w \quad (6\text{-}51)$$

将第四次实验数据带入模型进行数据验证，得到弹状流模型和环状流模型验证相对误差分布图，如图 6-92 和图 6-93 所示。

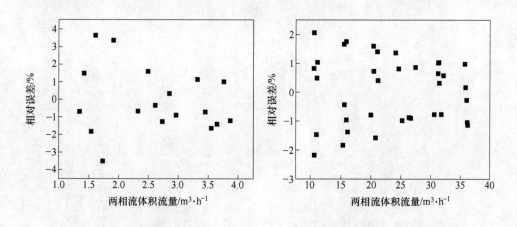

图 6-92 弹状流模型验证　　　　　图 6-93 环状流模型验证
相对误差分布图　　　　　　　相对误差分布图

利用修正后的弹状流和环状流流量测量模型，得到弹状流两相流体积流量测量相对误差值在-3.50344%~3.62727%之间，环状流两相流体积流量测量相对误差在 -2.17464%~2.05335%之间，修正后的测量模型相对可靠。

参 考 文 献

[1] 王松. 近红外单点与面阵探头测量特性对比与测量模型研究 [D]. 保定：河北大学，2020.

[2] 方立德，吕晓晖，田季，等. 基于近红外差压技术的气液两相流双参数测量 [J]. 中国测试，2018，44 (1)：21~26.

冶金工业出版社部分图书推荐

书　名	作　者	定价(元)
Radiation Detection and Imaging	魏清阳	76.00
红外热成像理论与应用	彭岩岩　宫伟力	66.00
提升小波分析及其在轴承故障检测中的应用	阳子婧	79.00
银基电触头材料的电弧侵蚀行为与机理	吴春萍	99.90
无损检测技术原理及技术	陈文革	28.00
矿物加工过程检测与控制技术	邓海波　高志勇	36.00
金属表面质量在线检测技术	徐　科　周　鹏	33.00
土木工程安全检测、鉴定、加固修复案例分析	孟　海　李慧民	68.00
自动检测与仪表	刘玉长	38.00
土木工程安全检测与鉴定	李慧民	31.00
钢分析化学与物理检测	朱志强　许玉宇　顾　伟	65.00
自行车安全检测技术	方娜云	56.00
激光技术与太阳能电池	王　月　王　彬　王春杰	54.00
微电网的优化运行与控制策略	李庆辉　蔡艳平　崔智高	69.00
模型驱动的软件动态演化过程与方法	谢仲文	99.90
Numerical Simulation and Optimal Control of Thermal Process in Regenerative Annular Furnace	苏福永	72.00
基于有源电力滤波器的电力谐波治理	陈冬冬	66.00